BestMasters

Mit „BestMasters" zeichnet Springer die besten Masterarbeiten aus, die an renommierten Hochschulen in Deutschland, Österreich und der Schweiz entstanden sind. Die mit Höchstnote ausgezeichneten Arbeiten wurden durch Gutachter zur Veröffentlichung empfohlen und behandeln aktuelle Themen aus unterschiedlichen Fachgebieten der Naturwissenschaften, Psychologie, Technik und Wirtschaftswissenschaften.

Die Reihe wendet sich an Praktiker und Wissenschaftler gleichermaßen und soll insbesondere auch Nachwuchswissenschaftlern Orientierung geben.

Jakob Schindler

Elektromagnetische Kopplungen hybrider AC-DC-Leitungen

Berechnungen anhand eines verteilten Leitungsmodells

Mit einem Geleitwort von
Prof. Dr.-Ing. Matthias Luther
und Prof. Dr.-Ing. Johann Jäger

 Springer Vieweg

Jakob Schindler
Erlangen, Deutschland

BestMasters
ISBN 978-3-658-12798-5   ISBN 978-3-658-12799-2 (eBook)
DOI 10.1007/978-3-658-12799-2

Die Deutsche Nationalbibliothek verzeichnet diese Publikation in der Deutschen Nationalbi-
bliografie; detaillierte bibliografische Daten sind im Internet über http://dnb.d-nb.de abrufbar.

Springer Vieweg
© Springer Fachmedien Wiesbaden 2016

Gedruckt auf säurefreiem und chlorfrei gebleichtem Papier

Springer Vieweg ist Teil von Springer Nature
Die eingetragene Gesellschaft ist Springer Fachmedien Wiesbaden GmbH

Zum Geleit

Die elektrische Energieversorgung ist weltweit im Wandel hin zu Prozessen und Strukturen einer nachhaltigen Energieumwandlung, eines effizienteren Energietransports und einer ressourcenschonenden Energienutzung. Der Lehrstuhl für Elektrische Energiesysteme der Friedrich-Alexander-Universität Erlangen-Nürnberg (FAU) trägt zu dieser Entwicklung auf verschiedenen Ebenen bei. Dies spiegelt sich in zahlreichen nationalen und internationalen Forschungsaktivitäten entlang der gesamten Energiekette sowie in einem breiten Lehrangebot in den Studiengängen Elektrotechnik, Energietechnik und Maschinenbau.

Als deutliches Zeichen des Systemwandels wird in Deutschland erstmals eine Gleichspannungs-Fernübertragungsstrecke mit einer Nennleistung von 2 GW auf einer Länge von 340 km in Betrieb gehen. Die geplante Verbindung trägt den Projektnamen „Ultranet" und leistet einen wichtigen Beitrag für einen effizienten Energietransport in Deutschland von Nord nach Süd sowie für den Erhalt der Versorgungszuverlässigkeit insgesamt. Die Übertragungsstrecke bildet den südlichen Abschnitt des Korridors A aus dem aktuellen Netzentwicklungsplan der deutschen Übertragungsnetzbetreiber. Damit die Errichtung neuer Trassen weitestgehend vermieden werden kann, soll für den Großteil der Leitung eine bereits bestehende Stromtrasse genutzt werden. Hieraus ergibt sich die Notwendigkeit, ein Gleichstrom- als auch ein Drehstromsystem auf einem gemeinsamen Mast zu führen. Die neue Mastkonfiguration wird als Hybridmast bezeichnet, mit der es weltweit noch sehr wenig Erfahrung gibt.

Die vorliegende Masterarbeit leistet einen wegweisenden Beitrag zur Berechnung von elektromagnetischen Kopplungen hybrider Mastkonfigurationen und ist damit eine wertvolle Grundlagenarbeit für eines der wichtigsten Projekte der Energieinfrastruktur in Deutschland bis 2020.

Univ. Prof. Dr.-Ing. M. Luther   Univ. Prof. Dr.-Ing. J. Jäger

Inhaltsverzeichnis

Abbildungsverzeichnis

3.52 Vergleich der Längsspannungen U_L der drei Masttypen D, AD und DD . 98

3.53 Vergleich der wiederkehrenden Spannungen U_w der drei Masttypen D, AD
und DD 98

3.54 Vergleich des sekundären Kurzschlussstroms I_B der drei Masttypen D, AD
und DD 99

3.55 Schema des Modells einer gemischten Hybridleitung 100

3.56 Betrag der bei der gemischten Hybridleitung im HGÜ-System induzierten
Längsspannung U_L 101

3.57 Bereiche der Längsspannung über alle Phasenanordnungen der AC-Systeme 103

3.58 Bereiche von U_w und I_B über alle Phasenanordnungen der AC-Systeme . 104

3.59 Wiederkehrende Spannung in Abhängigkeit des Fehlerortes bei der gemischten Hybridleitung 105

3.60 Sekundärer Kurzschlussstrom in Abhängigkeit des Fehlerortes bei der
gemischten Hybridleitung 106

3.61 Längsspannung U_L bei diskreter und idealer Verdrillung von System 2 . . 108

3.62 Vergleich der Bereiche der übertragenen Längsspannung U_L ohne, bei
diskreter und idealer Verdrillung von System 2 109

3.63 Vergleichende Darstellung der Verläufe der wiederkehrenden Spannung U_w
der Hybridleitung berechnet ohne Verdrillung sowie mit diskreter bzw.
idealer Verdrillung 111

3.64 Vergleichende Darstellung der Verläufe des sekundären Kurzschlussstroms
I_B der Hybridleitung berechnet ohne Verdrillung sowie mit diskreter bzw.
idealer Verdrillung 112

3.65 Vergleich der Bereiche der auftretenden wiederkehrenden Spannungen U_w
ohne, bei diskreter und bei idealer Verdrillung von System 2 113

3.66 Vergleich der Bereiche des auftretenden sekundären Kurzschlussstroms I_B
ohne, bei diskreter und bei idealer Verdrillung von System 2 113

3.67 Maximale sekundäre Kurzschlussströme und zugehörige Abschätzung von
Lichtbogenbrenndauer und Mindestpausenzeit 115

Tabellenverzeichnis

Abstract

In this thesis, a distributed steady state model for unbalanced multiphase overhead lines using modal decomposition is presented and used to analyze steady state coupling from AC to DC in different AC/DC hybrid line configurations. Thorough explanations are given for the calculation of line constants, line transposition, multiphase system decoupling by modal analysis, telegrapher's equations and the development of the distributed model for unbalanced lines. Secondary arcs in the context of single-phase automatic reclosing are explained as analyzed in the literature for transposed AC systems. A comparison with secondary arcs in DC systems is drawn. The distributed line model is used to study the transferred longitudinal voltage in normal operation of hybrid lines. Furthermore, the steady state secondary fault current for single-line DC faults and the recovery voltage are calculated as the two main factors that determine dead time for auto-reclosing. Insight into this phenomenon is relevant in increasing the availability of transmission links. Considered influencing factors include AC line loading, load flow directions, line length and AC phase positioning. Three different tower configurations that are widely used in Germany are analyzed and compared. Untransposed operation is assumed as the default case to account for the most critical case of AC-DC coupling. After that, a 350 km hybrid line composed of five 70 km sections with different tower types is modeled and analyzed. The effect of ideal and non-ideal transposition of one of the AC systems is studied. Finally, the calculated secondary fault current values are related to minimum dead times by empirical correlations from the literature.

1 Einleitung

Die politisch gewollte Umstellung der Versorgung mit elektrischem Strom weg von der sicherheitskritischen Kernenergie und klimaschädlichen fossilen Rohstoffen hin zu regenerativer Energieerzeugung stellt vor allem die Netze vor große Herausforderungen. Eine hervorstechende Charakteristik der besonders stark zunehmenden Erzeugung aus Windkraft und Sonnenenergie ist deren nicht an Verbrauchsschwerpunkten orientierte räumliche Verteilung. Zusammen mit dem bisher ungelösten Problem mangelnder Speicherfähigkeit des elektrischen Stroms ergibt sich die Notwendigkeit hoher Transportkapazitäten über oft weite Entfernungen.

Das Netz soll deshalb in den kommenden Jahren durch eine Reihe von Hochspannungs-Gleichstrom-Übertragungsstrecken (HGÜ) verstärkt werden. Diese Technologie eignet sich sowohl für die Übertragung großer Leistungen über weite Strecken, als auch für die Bereitstellung weiterer, für einen stabilen Netzbetrieb wichtiger Systemdienstleistungen. Aus technischer und ökonomischer Perspektive sind Freileitungen für die Realisierung dieses Overlay-Netzes die weitaus beste Möglichkeit. Um den Bedarf an Leitungsneubau zu verringern, soll ein Teil dieser Gleichstromleitungen in Form von AC-DC-Hybridverbindungen auf bestehenden Masten realisiert werden. Weil Höchstspannungsfreileitungen in Deutschland grundsätzlich mindestens als Doppelleitungen ausgeführt sind, bedeutet dies einen Parallelbetrieb von Drehstromsystemen und dem HGÜ-System. Von den Betreiberfirmen Amprion und TransnetBW als Ultranet bezeichnet, soll eine solche Hybridleitung als erste HGÜ-Verbindung Deutschlands überhaupt bereits 2019 in Betrieb genommen werden. Über eine Länge von 340 km wird sie die Übertragungskapazität zwischen Nordrhein-Westfalen und Baden-Württemberg um zwei Gigawatt erhöhen. [1]

Mit dem Parallelbetrieb von AC- und DC-Systemen auf den gleichen Masten gibt es bisher weltweit noch keine Erfahrungen. Aus diesem Grund müssen die Wechselwirkungen zwischen den verschiedenen Stromkreisen analysiert und auf mögliche Gefahren für den Betrieb der Primär- und Sekundärtechnik hin untersucht werden. Diese Arbeit befasst sich mit der Berechnung der stationären elektromagnetischen Einkopplung von AC-Größen in die Leiterseile des HGÜ-Systems. Dabei interessieren einerseits die im

Normalbetrieb in das DC-System übertragenen Wechselspannungen und -ströme. Ein anderer Untersuchungsgegenstand ist die Speisung sogenannter sekundärer Lichtbögen durch die AC-Einkopplungen bei einpoliger Kurzunterbrechung von DC-Polen zum Zweck der Fehlerklärung. Die dabei erlangten Kenntnisse zum elektrischen Verhalten von Hybridleitungen können zur Sicherstellung eines hochverfügbaren Betriebs der Übertragung beitragen.

Zu diesem Zweck wurde ein homogenes Leitungsmodell auf der Basis von an die allgemein unsymmetrische Leitungsgeometrie angepassten Modaltransformationen implementiert. Der gewählte analytische Berechnungsansatz erlaubt die exakte Berechnung stationärer Betriebsgrößen bei korrekter Berücksichtigung der verteilten Leitungsnatur. Somit kann nicht nur das Verhalten an den Anschlusspunkten, sondern auch die an jedem Punkt der Leitung vorliegenden Spannungen und Ströme nach Betrag und Phase berechnet werden.

Im Theorieteil dieser Arbeit wird ausgehend von der Freileitungsbeschreibung durch Parametermatrizen die Entkopplung symmetrischer Anordnungen durch bekannte allgemeine Modaltransformationen als Eigenwertproblem dargestellt. Die modale Zerlegung beliebig unsymmetrischer Leitungen wird erklärt und unter Verwendung der Theorie der Leitungsgleichungen der Aufbau des verteilten Modells gezeigt.

Im anschließenden Auswertungsteil werden mit Hilfe des modalen Leitungsmodells unterschiedliche Hybridleitungskonfigurationen untersucht. Dabei wird einerseits jeweils die im Normalbetrieb über den HGÜ-Leitern hervorgerufene Längsspannung betrachtet. Andererseits werden der stationäre sekundäre Kurzschlussstrom bei einpoliger Kurzunterbrechung im DC-System und die wiederkehrende Spannung am Fehlerort berechnet. Zu den berücksichtigten Einflussfaktoren zählen die Lastflusshöhe und -richtung in benachbarten AC-Systemen, die Leitungslänge und die Positionierung der AC-Phasen. Neben grundlegenden Erkenntnissen zum Zusammenspiel unterschiedlicher Koppelanteile werden drei verschiedene in Deutschland verbreitete Masttypen hinsichtlich des Betriebs als Hybridleitung verglichen. Anschließend wird eine umfangreichere hybride Leitungskonfiguration unter Beteiligung mehrerer Masttypen und einer größeren Anzahl an AC-Systemen analysiert. Während bis dahin bei allen Untersuchungen im Sinne einer Wort-Case-Abschätzung von gänzlich unverdrillten Anordnungen ausgegangen wird, liefert das darauffolgende Kapitel Aussagen zum Effekt einer Teilverdrillung der gleichen Leitung. Abschließend wird mithilfe eines empirischen Zusammenhangs aus der Literatur eine Einordnung der berechneten Kurzschlussströme bezüglich der maximalen Brenndauer des sekundären Lichtbogens vorgenommen.

2 Elektrische Kopplungen zwischen Leitern und Systemen von Freileitungen

2.1 Mathematische Beschreibung von Kopplungen durch Leitungsmatrizen

Freileitung stellen mit Ausnahme der Niederspannung in allen Netzebenen die wichtigsten Übertragungselemente dar. Ihr Zweck ist es, elektrische Energie möglichst verlustarm über häufig auch weite Entfernungen zu übertragen. Für den Bau und Betrieb ist die Kenntnis ihrer elektrischen Eigenschaften von großer Bedeutung. Die physikalischen Materialeigenschaften und die räumliche Anordnung der einzelnen Teile der Leitung haben über die Leitung verteilt Kopplungen zwischen benachbarten Leitern zur Folge. Da aufgrund von Trassenmangel in Deutschland ab der Hochspannungsebene stets mehr als nur ein System auf dem gleichen Mast geführt wird, bedeutet dies auch Kopplungen zwischen verschiedenen Stromkreisen. Die elektrischen Ersatzelemente eines einzelnen, dreiphasigen Freileitungssystems sind in Abbildung 2.1 auf der nächsten Seite als Schaltbild dargestellt. Jeder der drei Leiter oben hat für sich selbst einen ohmschen und induktiven Anteil (R, L), zwischen den Leitern bildet sich über die magnetischen Felder eine induktive Gegenkopplung aus (M). Weiterhin gibt es zwischen den Leitern durch das elektrische Feld vermittelte kapazitive Querkopplungen und ohmsche Verbindungen (C_{LL}, G_{LL}). Auch zum Erdboden liegen kapazitive und ohmsche Verbindungen vor (C, G). Der Erdboden selbst wirkt ebenfalls ohmsch (R_E), die Induktivität der Leiter-Erde-Schleifen ist in den Leiterinduktivitäten enthalten.

Für jedes zusätzliche benachbarte System auf dem gleichen Mast muss das Schaltbild um die entsprechenden Phasen und Koppelelemente zwischen allen Leitern und der Erde ergänzt werden. In Abbildung 2.1 sind in jeder der drei Phasen sowie bei den Kopplungen

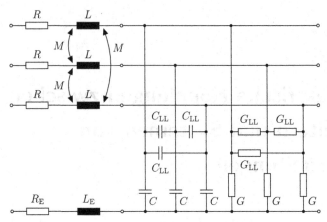

Abbildung 2.1: Darstellung der Kopplungselemente einer Freileitung

zwischen Phasen und zur Erde jeweils gleiche Netzwerkelemente eingezeichnet. Dies wäre in der Realität nur der Fall, wenn alle Leiter den exakt gleichen Aufbau und untereinander sowie zum Erdboden die gleichen geometrischen Verhältnisse aufweisen würden. Man spricht dann von einem symmetrischen Aufbau der Leitung. Praktisch lässt sich nur eine Annäherung daran durch Verdrillung, d.h. Vertauschung der Leiterpositionen in regelmäßigen Abständen, erreichen. Aus Kostenerwägungen oder anderen Gründen wird der erhöhte Aufwand dafür jedoch nicht immer vorgenommen, weshalb auch unsymmetrisch aufgebaute Leitungen beschrieben werden müssen.

Parametermatrizen von Freileitungen

Um die Kopplungen in Abbildung 2.1 in Gleichungen zu fassen, betrachten wir zunächst nur die Längselemente und Längskopplungen über die Gegeninduktivitäten M. Sie sind in Bild 2.2 auf der nächsten Seite nochmals als Netzwerk mit Impedanzen dargestellt. [2]

Ein beispielhafter Spannungsumlauf über den Leiter R liefert

$$u_{R1} = Zi_R + Z_{LL}i_S + Z_{LL}i_T + u_{R2} - Z_E i_E \qquad (2.1)$$

Mit der Knotenregel

$$i_E = -i_R - i_S - i_T \qquad (2.2)$$

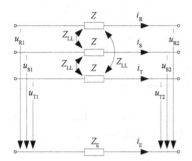

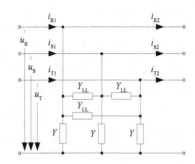

Abbildung 2.2: Längsachtpol   **Abbildung 2.3:** Querachtpol

ergibt sich insgesamt folgendes Gleichungssystem.

$$u_{R1} = (Z + Z_E)i_R + (Z_{LL} + Z_E)i_S + (Z_{LL} + Z_E)i_T + u_{R2}$$
$$u_{S1} = (Z_{LL} + Z_E)i_R + (Z + Z_E)i_S + (Z_{LL} + Z_E)i_T + u_{S2} \tag{2.3}$$
$$u_{T1} = (Z_{LL} + Z_E)i_R + (Z_{LL} + Z_E)i_S + (Z + Z_E)i_T + u_{T2}$$

In Matrixschreibweise:

$$\begin{pmatrix} \Delta u_R \\ \Delta u_S \\ \Delta u_T \end{pmatrix} = \begin{pmatrix} u_{R1} - u_{R2} \\ u_{S1} - u_{S2} \\ u_{T1} - u_{T2} \end{pmatrix} = \underbrace{\begin{pmatrix} Z + Z_E & Z_{LL} + Z_E & Z_{LL} + Z_E \\ Z_{LL} + Z_E & Z + Z_E & Z_{LL} + Z_E \\ Z_{LL} + Z_E & Z_{LL} + Z_E & Z + Z_E \end{pmatrix}}_{\mathbf{Z}} \begin{pmatrix} i_R \\ i_S \\ i_T \end{pmatrix} \tag{2.4}$$

Die Impedanzmatrix $\mathbf{Z}$ der Leitung setzt sich aus der vollbesetzten Erdwiderstandsmatrix $\mathbf{R}_E$, der Diagonalmatrix der Leiterwiderstände $\mathbf{R}_L$ und der mit $j\omega$ multiplizierten Induktivitätsmatrix $\mathbf{L}$ zusammen. Für den allgemeinen, unsymmetrischen Fall einer Leitung mit n einzelnen Leitern gilt:

$$\mathbf{Z} = \mathbf{R}_E + \mathbf{R}_L + j\omega\mathbf{L}$$
$$= \begin{pmatrix} R_E & R_E & \cdots & R_E \\ R_E & R_E & \cdots & \vdots \\ \vdots & & \ddots & \\ R_E & \cdots & & R_E \end{pmatrix} + \begin{pmatrix} R_{L1} & & & 0 \\ & R_{L2} & & \\ & & \ddots & \\ 0 & & & R_{Ln} \end{pmatrix} + j\omega \begin{pmatrix} L_{11} & L_{12} & \cdots & L_{1n} \\ L_{21} & L_{22} & & \vdots \\ \vdots & & \ddots & \\ L_{n1} & \cdots & & L_{nn} \end{pmatrix} \tag{2.5}$$

Für die Queradmittanzen in Abbildung 2.3 lässt sich analog zu (2.1) – (2.4) folgende

Matrixgleichung ableiten:

$$\begin{pmatrix} \Delta i_R \\ \Delta i_S \\ \Delta i_T \end{pmatrix} = \begin{pmatrix} i_{R1} - i_{R2} \\ i_{S1} - i_{S2} \\ i_{T1} - i_{T2} \end{pmatrix} = \underbrace{\begin{pmatrix} Y + 2Y_{LL} & -Y_{LL} & -Y_{LL} \\ -Y_{LL} & Y + 2Y_{LL} & -Y_{LL} \\ -Y_{LL} & -Y_{LL} & Y + 2Y_{LL} \end{pmatrix}}_{Y} \begin{pmatrix} u_R \\ u_S \\ u_T \end{pmatrix} \qquad (2.6)$$

Y ist die Matrix der Admittanzen und setzt sich aus der Matrix der Konduktanzen G und der mit $j\omega$ multiplizierten Kapazitätsmatrix C zusammen. Wiederum allgemein:

$$Y = G + j\omega C =$$

$$= \begin{pmatrix} G_{10} + \sum_{\mu \neq 1} G_{1\mu} & -G_{12} & \cdots & -G_{1n} \\ -G_{21} & G_{20} + \sum_{\mu \neq 2} G_{2\mu} & \cdots & -G_{2n} \\ \vdots & \vdots & \ddots & \vdots \\ -G_{n1} & -G_{n2} & \cdots & G_{n0} + \sum_{\mu \neq n} G_{n\mu} \end{pmatrix} +$$

$$+ j\omega \begin{pmatrix} C_{10} + \sum_{\mu \neq 1} C_{1\mu} & -C_{12} & \cdots & -C_{1n} \\ -C_{21} & C_{20} + \sum_{\mu \neq 2} C_{2\mu} & \cdots & -C_{2n} \\ \vdots & \vdots & \ddots & \vdots \\ -C_{n1} & -C_{n2} & \cdots & C_{n0} + \sum_{\mu \neq n} C_{n\mu} \end{pmatrix} \qquad (2.7)$$

Sowohl Z als auch Y sind stets symmetrische Matrizen, da zueinander gehörige Gegeninduktivitäten, -konduktanzen und -kapazitäten (z.b. C_{12} und C_{21}) jeweils gleichen Wert haben. Impedanz- und Admittanzmatrizen symmetrisch aufgebauter Dreiphasensysteme weisen zusätzlich aufgrund der Gleichheit der Netzwerkelemente jeder Phase diagonal-zyklische Stuktur auf. Das heißt, dass die Elemente auf der Hauptdiagonalen einander gleich sind, und auch die Elemente auf den Nebendiagonalen einander gleich (aber unterschiedlich zu denen auf der Hauptdiagonalen) sind, vgl. (2.4) und (2.6). Im allgemeinen Fall gilt dies nicht, vgl. (2.5) und (2.6). Wie (annähernd) symmetrische Systeme durch Leitungsverdrillung realisiert werden können, wird in Kapitel 2.2.5 auf Seite 20 beschrieben.

Homogene Verteilung der Leitungsparameter

In der Realität liegen alle Parameter nicht als örtlich konzentrierte Bauelemente vor, sondern sind gleichmäßig über der Leitungslänge verteilt. Es handelt sich deshalb grundsätzlich um Werte pro km, das Hochkomma zur Anzeige längenbezogener Werte wurde in den vorangegangenen Gleichungen weggelassen. Der Berechnung homogener Leitungen ist Kapitel 2.5 auf Seite 34 gewidmet.

Arten von Leitungsmatrizen

Bei der mathematischen Beschreibung von Leitungen ist zu unterscheiden zwischen Leitungsmatrizen, die den Zusammenhang zwischen Größen an einem elektrischen Eintor beschreiben, und solchen, die die Größen eines elektrischen Zweitors verknüpfen. Beide Varianten sind in Abbildung 2.4 dargestellt, links übereinander die klassischen Darstellungen einpoliger Ein- und Zweitore und rechts nebeneinander dreipolige Ein- bzw. Zweitore, wie sie bei einer Drehstromleitung der elektrischen Energieversorgung zu finden sind. Für die Klemmen die zu einem Tor zusammengefasst werden, gilt die Bedingung, dass ihre Stromsumme stets null ergibt, die sogenannte Torbedingung. Bei Wahl einer Klemme als Bezugsknoten wird ein Tor mit $n + 1$ Anschlüssen durch die n Ströme und Spannungen der anderen Anschlüsse vollständig beschrieben. Man spricht von einem n-poligen Tor[1].

Die oben eingeführten Parametermatrizen von Freileitungen (Widerstand-, Induktivitäts-, Impedanz-, Kapazitäts-, Leitwert-, Admittanzmatrizen) stellen Eintormatrizen dar, da sie direkt das Verhältnis aus Spannungen über bestimmten Elementen und den Strömen durch diese Elemente beschreiben. Die ab Kapitel 2.5 besprochenen Zweitordarstellungen (wie beispielsweise das homogene Leitungsmodell) hingegen verknüpfen Phasenströme und Phasenspannungen am Anfang und Ende der Leitung miteinander und enthalten sowohl Längs- als auch Querparameter. Die Dimension von Zweitormatrizen ist wegen der Anzahl der verknüpften Größen doppelt so groß wie die von Eintormatrizen, siehe Tabelle 2.1 auf der nächsten Seite.

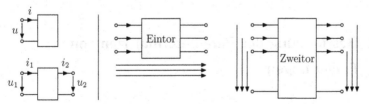

Abbildung 2.4: Illustration des einphasigen (links) und dreiphasigen (rechts) Ein- und Zweitors

---

[1]Verwirrung entsteht ggf. durch die Verwendung von Begriffen wie „Zweipol" oder „Vierpol" für das einpolige Ein- bzw. Zweitor usw. Dabei stehen die Torbegriffe für spezielle Varianten von Mehrpolen, da zusätzlich Torbedingungen gelten.

Tabelle 2.1: Dimensionen von Ein-/Zweitormatrizen

	Eintor	Zweitor
n Leiter	n Spannungen	$2n$ Spannungen
	&	&
	n Ströme	$2n$ Ströme
	$\Rightarrow n \times n$ Matrix	$\Rightarrow 2n \times 2n$ Matrix

Mathematische Entkopplung

An dieser Stelle soll das Augenmerk darauf liegen, dass bei der elektrischen Beschreibung von Dreiphasenleitungen anhand ihrer realen Leitergrößen (Ströme und Spannungen), d.h. in sogenannten „natürlichen Koordinaten", vollbesetzte Matrizen auftreten. Dies macht die händische Berechnung mit Stift und Papier schwierig und lässt physikalische Wirkzusammenhänge u.U. nur schwer erkennen. Es wurden deshalb bereits früh Koordinatentransformationen eingeführt, die für dreiphasig symmetrische Leitungen eine Entkopplung der Gleichungen durch Übergang in einen Bildbereich erlauben. Ein dreiphasiges System wird dadurch in drei voneinander unabhängige einphasige Netzwerke zerlegt. Außer den genannten Vorteilen erlaubt diese Entkopplung, die verteilten Parameter mit der Theorie der Leitungsgleichungen auch als solche zu berücksichtigen, was sonst nicht möglich ist. Die Vorgehensweise dieser sogenannten Modaltransformationen, und wie das Verfahren auch auf unsymmetrische Leitungen mit beliebig vielen Phasen angewandt werden kann, wird in Kapitel 2.4 auf Seite 27 erläutert. Nachfolgend werden in Kapitel 2.5 die Leitungsgleichungen zur Berücksichtigung homogen verteilter Leitungsparameter erklärt und schließlich in Kapitel 2.6 der Aufbau eines verteilten Leitungsmodells dargestellt. In Kapitel 3 werden verschiedene Untersuchungen an hybriden Leitungskonfigurationen durchgeführt.

2.2 Bestimmung der Parametermatrizen von Freileitungen

2.2.1 Kapazitäten

Um die Kapazitäten zwischen den Leitern einer Freileitung zu berechnen, muss das durch sie hervorgerufene elektrische Feld **E** betrachtet werden. Aufgrund der relativ niedrigen Betriebsfrequenz elektrischer Energieversorgungsnetze kann dieses als unabhängig vom magnetischen und somit als statisches Gradientenfeld des elektrischen Potentials φ betrachtet werden:

$$\mathbf{E} = -\operatorname{grad}\varphi \tag{2.8}$$

Dies wird bei der Berechnung betriebsfrequenter Größen keinen Fehler zur Folge haben. Hochfrequente Vorgänge, wie sie etwa von selbstgeführten Umrichtern emittiert werden, sollen nicht Gegenstand in dieser Arbeit sein. [3]

Feldnachbildung durch linienhafte Leiter Freileitungsseile stellen zylindrische Leiter mit näherungsweise unendlicher Ausdehnung in einer Raumrichtung dar. Das elektrische Feld solcher Gebilde kann mithilfe der Elementaranordnung unendlich langer, linienhafter Ladungsanordnungen nachgebildet werden, welche im allgemeinen Fall exzentrisch im Inneren der Leiter zu platzieren sind. Aufgrund der Tatsache jedoch, dass die Abstände der Freileitungsseile untereinander und zum Erdboden deutlich größer sind als ihre Radien, kann jedes Seil mit guter Näherung durch eine Linienladung in seiner Längsachse beschrieben werden.

Die Unabhängigkeit von der dritten Raumrichtung bedingt, dass die Feldberechnung vorteilhaft in komplexen Koordinaten durchgeführt werden kann. Für die Feldstärke an einem Punkt $\underline{z}$ in einer Umgebung mit der Dielektrizitätskonstante ε einer einzelnen Linienladung mit dem Ladungsbelag Q' gilt dann:

$$\underline{E} = E\mathrm{e}^{\mathrm{j}\gamma} = \frac{Q'}{2\pi\varepsilon\underline{z}^*} \tag{2.9}$$

Entsprechend ist die Formel für das hervorgerufene Potential bei Festlegung des Bezugspunktes in unendlicher Ferne:

$$\varphi = -\frac{Q'}{2\pi\varepsilon}\ln|\underline{z}| \tag{2.10}$$

Sind mehrere linienhafte Leiter vorhanden, dann überlagern sich ihre einzelnen Einflüsse, sodass $\varphi = \varphi_1 + \varphi_2 + \dots$ und $\underline{E} = \underline{E}_1 + \underline{E}_2 + \dots$ gilt.

Spiegelladungsverfahren Die Positionen aller Leiter im Querschnitt der Freileitung werden unter Berücksichtigung eines mittleren Durchhangs $f = 0{,}7 \cdot f_{max}$ durch komplexe Zeiger beschrieben. Um die Erdoberfläche als Äquipotentialfläche mit dem Potential Null nachzubilden, müssen sämtliche Leiter der Anordnung an der Erdoberfläche gespiegelt und die Spiegelleiter mit einer Ladung gleicher Größe aber entgegengesetzer Polarität versehen werden. Abbildung 2.5 zeigt das Prinzip der Leiterspiegelung im komplexen Koordinatensystem. Der Koordinatenursprung wird dabei wie dargestellt auf Erdbodenhöhe und in der Mitte der Trasse gewählt.

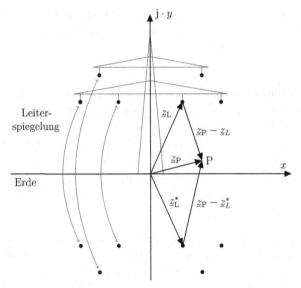

Abbildung 2.5: Spiegelladungsverfahren im komplexen Koordinatensystem

Das Potential und die Feldstärke an einem Punkt P kann nun durch die Überlagerung der Beiträge aller Leiter und Spiegelleiter berechnet werden. Die Formeln (2.11) und (2.12) stellen dies bei einer Anordnung aus n Leiterseilen über der Erdoberfläche dar.

$$\varphi_P = \frac{1}{2\pi\varepsilon} \sum_{\nu=1}^{n} Q'_\nu \ln \left| \frac{\underline{z}_P - \underline{z}_\nu^*}{\underline{z}_P - \underline{z}_\nu} \right| \tag{2.11}$$

$$\underline{E}_P = \frac{1}{2\pi\varepsilon} \sum_{\nu=1}^{n} Q'_\nu \left(\frac{1}{\underline{z}_P^* - \underline{z}_\nu^*} - \frac{1}{\underline{z}_P^* - \underline{z}_\nu} \right) \tag{2.12}$$

Bündelleiter Bündelleiter werden dabei als ein Einzelleiter am Ort des Bündelmittelpunktes aufgefasst. Der für spätere Berechnungen nötige Leiterradius kann in diesem Fall als Ersatzradius allgemein aus der Teilleiterzahl n, dem Seilradius r und den Teilleitermittenabständen $a_{1\mu}$ nach Gleichung (2.13) bestimmt werden, bzw. wenn die Teilleiter regelmäßig auf einer Kreislinie angeordnet sind unter Verwendung des Teilkreisradius r_T

nach Gleichung (2.14).

$$r_{\text{ers}} = \sqrt[n]{r_{\text{Seil}} \prod_{\mu=2}^{n} a_{1\mu}} \tag{2.13}$$

$$\text{bzw.} \qquad r_{\text{ers}} = \sqrt[n]{n \cdot r_{\text{Seil}} \cdot r_{\text{T}}^{n-1}} \tag{2.14}$$

Matrix der Potentialkoeffizienten In Gleichung (2.11) kann der Punkt P im speziellen Fall auch auf einer Leiteroberfläche liegen. Stellt man auf diese Weise n Gleichungen für die Potentiale aller n Leiter auf, ergibt sich folgendes lineares Gleichungssystem.

$$\varphi = \alpha \, \mathbf{Q}' \tag{2.15}$$

Die Einträge der Matrix α sind dann die Potentialkoeffizienten zwischen den einzelnen Leitern gemäß Gleichung (2.16).

$$\alpha_{\nu\nu} = \frac{1}{2\pi\varepsilon} \ln \frac{|\underline{z}_\nu - \underline{z}_\nu^*|}{r_\nu}$$
$$\alpha_{\nu\mu} = \frac{1}{2\pi\varepsilon} \ln \left| \frac{\underline{z}_\nu - \underline{z}_\mu^*}{\underline{z}_\nu - \underline{z}_\mu} \right| \quad \text{für} \quad \nu \neq \mu \tag{2.16}$$

In Matrixschreibweise lässt sich α für ein Dreiphasensystem wie folgt darstellen. h_n ist darin die Höhe des Leiters über dem Erdboden, $D_{\nu\mu}$ der Abstand zwischen zwei Leitern und $D'_{\nu\mu}$ der Abstand zwischen Leiter ν und Spiegelleiter von μ.

$$\alpha = \frac{1}{2\pi\varepsilon} \begin{pmatrix} \ln \frac{2h_1}{r_{ers}} & \ln \frac{D'_{12}}{D_{12}} & \ln \frac{D'_{13}}{D_{13}} \\ \ln \frac{D'_{21}}{D_{21}} & \ln \frac{2h_2}{r_{ers}} & \ln \frac{D'_{23}}{D_{23}} \\ \ln \frac{D'_{31}}{D_{31}} & \ln \frac{D'_{32}}{D_{32}} & \ln \frac{2h_3}{r_{ers}} \end{pmatrix} \tag{2.17}$$

Kapazitätskoeffizienten und -matrix Durch Umstellen von Gleichung (2.15) erhält man (2.18), worin γ Matrix der Kapazitätskoeffizienten heißt.

$$\mathbf{Q}' = \alpha^{-1} \varphi = \gamma \, \varphi \tag{2.18}$$

Addiert man den Ausdruck

$$0 = \varphi_\nu \sum_{\mu=1}^{n} \gamma_{\nu\mu} - \varphi_\nu \sum_{\mu=1}^{n} \gamma_{\nu\mu} \tag{2.19}$$

zu jeder Zeile ν, so erhält man

$$
\mathbf{Q'} = \begin{pmatrix} \left(\sum\limits_{\mu=1}^{n} \gamma_{1\mu}\right)(\varphi_1 - 0) & -\gamma_{12}(\varphi_1 - \varphi_2) & \cdots & -\gamma_{1n}(\varphi_1 - \varphi_n) \\ -\gamma_{21}(\varphi_2 - \varphi_1) & \left(\sum\limits_{\mu=1}^{n} \gamma_{2\mu}\right)(\varphi_2 - 0) & \cdots & -\gamma_{2n}(\varphi_2 - \varphi_n) \\ \vdots & \vdots & \ddots & \vdots \\ -\gamma_{n1}(\varphi_n - \varphi_1) & -\gamma_{n2}(\varphi_n - \varphi_2) & \cdots & \left(\sum\limits_{\mu=1}^{n} \gamma_{n\mu}\right)(\varphi_n - 0) \end{pmatrix} \tag{2.20}
$$

Gleichung (2.20) beschreibt die Ladungen der einzelnen Leiter als Funktion von Potenzialdifferenzen, d.h. also von Spannungen. Die Ausdrücke vor diesen Spannungen sind die Leiter-Erde- und Leiter-Leiter-Kapazitäten $C'_{\nu 0}$ und $C'_{\nu \mu}$ der Anordnung wie in Abbildung 2.6 beispielhaft für drei Leiter gezeigt.

$$
C'_{\nu 0} = \sum_{\mu=1}^{n} \gamma_{\nu\mu} \quad \text{und} \quad C'_{\nu\mu} = C'_{\mu\nu} = -\gamma_{\nu\mu} = -\gamma_{\mu\nu} \tag{2.21}
$$

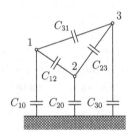

Abbildung 2.6: Teilkapazitäten einer Freileitung mit drei Leitern [3]

Nochmals umgeformt, so dass die Ladungen wieder nur von den Leiter-Erde-Spannungen abhängen, ergibt sich (2.22), woraus folgt, dass die Matrix $\boldsymbol{\gamma}$ identisch mit der Matrix $\mathbf{C'}$ der Leitungskapazitäten ist.

$$
\mathbf{Q'} = \begin{pmatrix} C'_{10} + \sum\limits_{\mu \neq 1} C'_{1\mu} & -C'_{12} & \cdots & -C'_{1n} \\ -C'_{21} & C'_{20} + \sum\limits_{\mu \neq 2} C'_{2\mu} & \cdots & -C'_{2n} \\ \vdots & \vdots & \ddots & \vdots \\ -C'_{n1} & -C'_{n2} & \cdots & C'_{n0} + \sum\limits_{\mu \neq n} C'_{n\mu} \end{pmatrix} \begin{pmatrix} U_1 \\ U_2 \\ \vdots \\ U_n \end{pmatrix} = \mathbf{C'}\, \mathbf{U} = \boldsymbol{\gamma}\, \mathbf{U} \tag{2.22}
$$

2.2.2 Induktivitäten

Magnetische Energie in Stromkreisen Für die Bestimmung der Induktivitäten zwischen den Leitern einer Freileitung soll zunächst die magnetische Energie W_m betrachtet werden, die in zwei induktiv gekoppelten Stromkreisen gespeichert ist [3]. Sie beträgt

$$W_m = \frac{1}{2}L_{11}i_1^2 + L_{12}i_1i_2 + \frac{1}{2}L_{22}i_2^2 = \frac{1}{2}(i_1\psi_1 + i_2\psi_2) \tag{2.23}$$

mit den Selbst- und Gegeninduktivitäten L_{11}/L_{22} und L_{12} sowie den mit dem Stromkreis 1 bzw. 2 verketteten magnetischen Flüssen ψ_1 und ψ_2. Bei n gekoppelten Stromkreisen gilt entsprechend (2.24).

$$W_m = \frac{1}{2}\sum_{\nu=1}^{n} i_\nu\psi_\nu \quad \text{mit} \quad \psi_\nu = \sum_{\mu=1}^{n} L_{\nu\mu}i_\mu \tag{2.24}$$

Magnetische Energie aus den Feldgrößen Die Grundgleichungen des statischen Magnetfeldes lauten für die magnetische Flussdichte $\mathbf{B}$ und die Stromdichte $\mathbf{J}$ mit der Permeabilitätskonstante μ_0:

$$\operatorname{div} \mathbf{B} = 0 \tag{2.25}$$
$$\operatorname{rot} \mathbf{B} = \mu_0 \mathbf{J} \tag{2.26}$$

Das magnetische Feld ist also quellenfrei und seine Wirbel sind der elektrischen Stromdichte proportional. Erstere Eigenschaft wird durch die Beschreibung als

$$\mathbf{B} = \operatorname{rot} \vec{\mathbf{A}} \tag{2.27}$$

erfasst, denn $\operatorname{div}(\operatorname{rot} \vec{\mathbf{A}}) = 0$. $\vec{\mathbf{A}}$ ist das magnetische Vektorpotential. Durch ineinander einsetzen von (2.27) und (2.26) kann das „Gesetz von Biot-Savart" abgeleitet werden:

$$d\mathbf{B}(\mathbf{r}) = \frac{\mu_0}{4\pi} \operatorname{rot}\left(\mathbf{J}(\mathbf{r}')\frac{dV}{|\mathbf{r}-\mathbf{r}'|}\right) \tag{2.28}$$

Außerdem gilt mit dem Vektorpotential $\vec{\mathbf{A}}$ für den mit dem Stromkreis ν verketteten Fluss mit der vom Stromkreis aufgespannten Fläche A_ν' und deren Umrandung l_ν

$$\psi_\nu = \int_{A_\nu'} \mathbf{B}\,d\mathbf{A} = \int_{A_\nu'} \operatorname{rot}\vec{\mathbf{A}}\,d\mathbf{A} \stackrel{\substack{\text{Satz von} \\ \text{Stokes}}}{=} \oint_{l_\nu} \vec{\mathbf{A}}\,d\mathbf{l} \tag{2.29}$$

Das Produkt von Fluss und Strom aus (2.24) wird damit

$$i_\nu \psi_\nu = \oint_{l_\nu} \vec{A} i_\nu \, \mathrm{d}l = \int_{V_\nu} \vec{A} J \, \mathrm{d}A_{q\nu} \, \mathrm{d}l = \int_{V_\nu} \vec{A} J \, \mathrm{d}V \tag{2.30}$$

Eingesetzt in (2.24) ergibt sich somit Gleichung (2.31), d.h. die in n Stromkreisen gespeicherte magnetische Energie kann durch Integration des Skalarprodukts aus Vektorpotential und Stromdichte über das Volumen V aller Stromkreise erhalten werden. Bei unendlich langen Anordnungen gilt längenbezogen Gleichung (2.32).

$$W_\mathrm{m} = \frac{1}{2} \int_V \vec{A} J \, \mathrm{d}V \tag{2.31}$$

$$W_\mathrm{m}' = \frac{1}{2} \int_A \vec{A} J \, \mathrm{d}A \tag{2.32}$$

Magnetisches Feld in der Umgebung linienhafter Leiter   Die magnetische Flussdichte eines Linienleiters welcher im Koordinatenursprung senkrecht zur komplexen Ebene steht und dessen Strom i aus der Ebene herausfließt, ergibt sich durch Integration des Gesetzes von Biot-Savart zu:

$$\underline{B}_\mathrm{P} = \frac{\mu_0 i}{2\pi} \frac{\mathrm{j}}{\underline{z}_\mathrm{P}^*} \tag{2.33}$$

Bei n linienhaften Leitern an den Orten $z_{L\nu}$ ergibt sich durch Überlagerung aller Felder

$$\underline{B}_\mathrm{P} = \mathrm{j} \frac{\mu_0}{2\pi} \sum_{\nu=1}^{n} \frac{i_\nu}{(\underline{z}_\mathrm{P} - \underline{z}_{L\nu})^*} \tag{2.34}$$

Aus $\mathbf{B} = \mathrm{rot}\,\vec{A}$ und der Darstellung der Rotation in Polarkoordinaten folgt $B = -\frac{\mathrm{d}\vec{A}}{\mathrm{d}r}$, woraus mit (2.33) der Betrag des Vektorpotentials in der Umgebung eines Linienleiters durch Integration hervorgeht (r ist der Abstand zum Leiter):

$$\vec{A} = -\frac{\mu_0}{2\pi} i \ln r + C \tag{2.35}$$

Die Integrationskonstante wird so festgelegt, dass $\vec{A} \to 0$ für $r \to D_\infty$. Dies ergibt:

$$\vec{A} = \frac{\mu_0}{2\pi} i \ln \frac{D_\infty}{r} \qquad \text{bzw. für } n \text{ Leiter:} \qquad \vec{A} = \frac{\mu_0}{2\pi} \sum_{\nu=1}^{n} i_\nu \ln \frac{D_\infty}{r_\nu} \tag{2.36}$$

D_∞ entspricht dem Abstand zu einem fiktiven Rückleiter, der das Magnetfeld nicht beeinflusst. Mit Ausnahme von Situationen, in denen das Erdreich den Rückleiter bildet, ist in den meisten realen Leiteranordnungen die Stromsumme gleich null, wodurch D_∞ aus der Gleichung verschwindet.

Anders als in den bisherigen Betrachtungen liegen in der Realität statt Linienleitern Leiter mit endlicher Querschnittsausdehnung vor. Um auch das Feld im Inneren der Leiter zu beschreiben wird Formel (2.36) durch Integrationen über die Leiterquerschnitte A_ν erweitert, siehe Formel (2.37). Es wird hier eine konstante Stromdichte in allen Querschnitten $(J_\nu(r) \to \frac{i_\nu}{A_\nu})$ vorausgesetzt.

$$\vec{A} = \frac{\mu_0}{2\pi} \left(\sum_{\nu=1}^{n} \frac{i_\nu}{A_\nu} \int_{A_\nu} \ln \frac{1}{r_\nu} \, dA_\nu + \ln D_\infty \sum_{\nu=1}^{n} i_\nu \right) \tag{2.37}$$

Induktivitätskoeffizienten und mittlere geometrische Abstände Mit dem Ergebnis von Gleichung (2.37) kann nun Formel (2.32) für die magnetische Energie in einer in Längsrichtung unendlich ausgedehnten Leiteranordnung ausgewertet werden. Dies ergibt Ausdrücke mit Doppelintegralen über die Leiterflächen, für zwei Leiter beispielsweise

$$W'_m = \frac{\mu_0}{4\pi} \left(\frac{i_1}{A_1} \right)^2 \int_{A_1} \int_{A_1} \ln \frac{1}{r} \, dA_1 \, dA_1 + \frac{\mu_0}{2\pi} \frac{i_1}{A_1} \frac{i_2}{A_2} \int_{A_1} \int_{A_2} \ln \frac{1}{r} \, dA_2 \, dA_1$$
$$+ \frac{\mu_0}{4\pi} \left(\frac{i_2}{A_2} \right)^2 \int_{A_2} \int_{A_2} \ln \frac{1}{r} \, dA_2 \, dA_2 + \frac{\mu_0}{4\pi} (i_1 + i_2)^2 \ln D_\infty \tag{2.38}$$

Für die Doppelintegrale, welche nur von der Geometrie abhängig sind, werden nun die Abkürzungen

$$\ln \frac{1}{g_{11}} = \frac{1}{A_1^2} \int_{A_1} \int_{A_1} \ln \frac{1}{r} \, dA_1 \, dA_1$$
$$\ln \frac{1}{g_{12}} = \frac{1}{A_1 A_2} \int_{A_1} \int_{A_2} \ln \frac{1}{r} \, dA_2 \, dA_1 = \ln \frac{1}{g_{21}} \tag{2.39}$$
$$\ln \frac{1}{g_{22}} = \frac{1}{A_2^2} \int_{A_2} \int_{A_2} \ln \frac{1}{r} \, dA_2 \, dA_2$$

eingeführt. Damit wird aus (2.38) die Gleichung (2.40).

$$W'_m = \frac{\mu_0}{4\pi} i_1^2 \ln \frac{D_\infty}{g_{11}} + \frac{\mu_0}{2\pi} i_1 i_2 \ln \frac{D_\infty}{g_{12}} + \frac{\mu_0}{4\pi} i_2^2 \ln \frac{D_\infty}{g_{22}} \tag{2.40}$$

Der Vergleich mit Formel (2.23), $W_m = \frac{1}{2}L_{11}i_1^2 + L_{12}i_1i_2 + \frac{1}{2}L_{22}i_2^2$, liefert die Berechnungsformeln für die beteiligten Induktivitätskoeffizienten:

$$\Rightarrow L'_{11} = \frac{\mu_0}{2\pi}\ln\frac{D_\infty}{g_{11}}$$

$$L'_{22} = \frac{\mu_0}{2\pi}\ln\frac{D_\infty}{g_{22}} \qquad (2.41)$$

$$L'_{12} = \frac{\mu_0}{2\pi}\ln\frac{D_\infty}{g_{12}} = L'_{21}$$

Es gilt allgemein

$$L'_{\nu\mu} = \frac{\mu_0}{2\pi}\ln\frac{D_\infty}{g_{\nu\mu}} \qquad (2.42)$$

worin $g_{\nu\mu}$ der sogenannte mittlere geometrische Abstand (mgA) zwischen den Querschnittsflächen der Leiter ν und μ ist. Für $\nu = \mu$ ist dies der mittlere geometrische Abstand einer Fläche von sich selbst. Da die jeweiligen Flächenintegrale nicht einfach auszuwerten sind, kann $g_{\nu\mu}$ für gängige Geometrien Anhang B entnommen werden.

Induktivitätsmatrix von Freileitungen   Gemäß Formel (2.42) sieht die Induktivitätsmatrix einer dreiphasigen Leitung ohne Erdseil wie folgt aus:

$$\mathbf{L'} = \frac{\mu_0}{2\pi}\begin{pmatrix} \ln\frac{D_\infty}{g_{11}} & \ln\frac{D_\infty}{D_{12}} & \ln\frac{D_\infty}{D_{13}} \\ \ln\frac{D_\infty}{D_{21}} & \ln\frac{D_\infty}{g_{22}} & \ln\frac{D_\infty}{D_{23}} \\ \ln\frac{D_\infty}{D_{31}} & \ln\frac{D_\infty}{D_{32}} & \ln\frac{D_\infty}{g_{33}} \end{pmatrix} \qquad (2.43)$$

Auf der Hauptdiagonalen werden die mittleren geometrischen Abstände $g_{\nu\nu}$ der Leiter zu sich benötigt. Bei den meistens zum Einsatz kommenden Al/St-Seile ist für die Berechnung nur der Aluminiumquerschnitt zu berücksichtigen, da im Stahlkern praktisch kein Strom fließt. Laut Anhang beträgt der mgA eines Seils mit 26 Aluminium-Drähten in zwei Lagen beispielsweise

$$g_{11} = 0{,}809 \cdot r_{Seil} \qquad (2.44)$$

Sind bei einer Höchstspannungsleitung n Seile zu einem Bündel mit dem Bündelradius r_B vereint, gilt für den mgA des Bündels von sich selbst:

$$g_{11} = \sqrt[n]{n\,g\,r_B^{n-1}} \quad \text{mit g: mgA von sich selbst eines Teilleiters} \qquad (2.45)$$

Für die mgA der Hauptleiter untereinander und zwischen Hauptleiter und Erdseil werden einfach die Abstände ihrer Mittelpunkte $D_{\nu\mu}$ herangezogen. D_∞ schließlich entspricht bei Freileitungen der Erdstromtiefe D_E, mit der entsprechend Gleichung (2.42) die Induktivität der Leiter-Erde-Schleife festgelegt ist. Sie ist frequenzabhängig, von Carson und Pollacek wird die allgemein verwendete Formel

$$D_E = 660 \sqrt{\frac{\rho/\Omega m}{f/s^{-1}}} \qquad (2.46)$$

angegeben.

2.2.3 Ohmsche Widerstände und Leitwerte

Leiterwiderstandsmatrix   Die Matrix der Leiterwiederstände pro km ist eine einfache Diagonalmatrix gemäß Gleichung (2.47).

$$\mathbf{R'}_L = \begin{pmatrix} R'_{L1} & & & 0 \\ & R'_{L2} & & \\ & & \ddots & \\ 0 & & & R'_{Ln} \end{pmatrix} \qquad (2.47)$$

In der Praxis werden die Werte meist durch Messung der stromabhängigen Verluste bestimmt, ansonsten aber rechnerisch aus Materialleitfähigkeit κ und Leiterquerschnittfläche A, wobei bei Al/St-Seilen nur der Aluminium-Querschnitt berücksichtigt wird:

$$R'_{L,20°C} = \frac{1}{\kappa \cdot A} \qquad (2.48)$$

Bei hohen Betriebstemperaturen steigt der Widerstand der Leiterseile gemäß dem linearen Temperaturkoeffizienten α_{20} des Materials für die Bezugstemperatur 20°C.

$$R'_L = R'_{L,20} \cdot [1 + \alpha_{20}(\theta_L - 20)\,K] \qquad (2.49)$$

Erdwiderstand   Der ohmsche Erdwiderstand hängt außer von der elektrischen Leitfähigkeit des Erdbodens davon ab, in welchem Querschnitt der Erdstrom fließt. Es bildet sich ein Kompromiss heraus zwischen möglichst kleiner Induktivität (Strom fließt nur direkt unterhalb der Freileitung) und möglichst kleinem ohmschen Widerstand (Strom verteilt sich über das gesamte Erdreich). Carson und Pollacek geben den folgenden frequenzabhängigen Wert an.

$$R'_E = \frac{\mu_0 \cdot \omega}{8} \tag{2.50}$$

Konduktanzen   Die Einträge der Konduktanzmatrix nach Gleichung (2.7) lassen sich nicht exakt bestimmen. Sie setzen sich zusammen aus dielektrischen Verlusten, Kriechströmen über Isolatoren und Koronaverlusten, d.h. Verlusten aufgrund von Gasentladungen an den Leiteroberflächen. All diese sind jedoch einer Vielzahl von Einflüssen unterworfen und variieren zeitlich stark aufgrund der Witterungsbedingungen. Weil ihr Einfluss zudem relativ klein ist werden Querleitwerte häufig vernachlässigt. Alternativ kann ein Betriebsquerleitwert aus den spannungsabhängigen Verlusten eines als symmetrisch angenommenen Betriebs berechnet werden:

$$G' = \frac{P_{vu}}{U_b^2} \tag{2.51}$$

Dies entspräche einem Leitwert in einphasiger Betrachtung bzw. einem Mitsystem-Leitwert G_1 (vgl. Kapitel 2.4.1 auf Seite 27). Soll eine Konduktanzmatrix in natürlichen Koordinaten abgeschätzt werden, kann laut [4], [5] auf der Grundlage, dass der Wattreststrom in Hochspannungs-Freileitungsnetzen weniger als 4 % des Erdschlussstromes beträgt, zusätzlich ein Nullsystemleitwert angenommen werden, der 2–3 % der kapazitiven Nulladmittanz ωC_0 beträgt. Aus G_1 und G_0 kann dann durch Rücktransformation aus symmetrischen Komponenten die Leitwertmatrix $\mathbf{G'}$ für das entsprechende System abgeleitet werden ($\mathbf{S}$ ist die Symmetrierungsmatrix).

$$\mathbf{G'} = \mathbf{S}^{-1} \begin{pmatrix} G_0 & 0 & 0 \\ 0 & G_1 & 0 \\ 0 & 0 & G_1 \end{pmatrix} \mathbf{S} \tag{2.52}$$

2.2.4 Erdseilreduktion

Erdseileinfluss auf Kapazitäten

Sind Erdseile oder anderweitig geerdete Leiter vorhanden, stellt sich die Matrixgleichung (2.15) wie folgt dar.

$$\begin{pmatrix} \varphi_1 \\ 0 \end{pmatrix} = \begin{pmatrix} \alpha_{11} & \alpha_{12} \\ \alpha_{21} & \alpha_{22} \end{pmatrix} \cdot \begin{pmatrix} Q'_1 \\ Q'_2 \end{pmatrix} \tag{2.53}$$

Das Potential geerdeter Leiter (unterer Teil des Gleichungssystems mit Zeilenindex 2) ist gleich null. Aus Zeile zwei folgt deshalb

$$\mathbf{Q}'_2 = -\boldsymbol{\alpha}_{22}^{-1}\boldsymbol{\alpha}_{21}\mathbf{Q}'_1 \tag{2.54}$$

Gleichung (2.54) in (2.53) eingesetzt ergibt ein reduziertes Gleichungssystem, in dem die Information über den Einfluss der geerdeten Leiter bzw. des Erdseils dennoch enthalten ist.

$$\boldsymbol{\varphi}_1 = \Big(\boldsymbol{\alpha}_{11}\underbrace{-\boldsymbol{\alpha}_{12}\boldsymbol{\alpha}_{22}^{-1}\boldsymbol{\alpha}_{21}}_{\boldsymbol{\alpha}_{\text{ESeil}}}\Big)\mathbf{Q}'_1 = \boldsymbol{\alpha}_{red}\,\mathbf{Q}'_1 \tag{2.55}$$

Es kann nun mit der reduzierten $\boldsymbol{\alpha}_{red}$-Matrix weiter verfahren werden wie in Abschnitt 2.2.1 beschrieben um die Teilkapazitäten und die Kapazitätsmatrix zu berechnen. Durch ein oder mehrere Erdseile steigen im Allgemeinen die Leiter-Erde-Kapazitäten, während die Leiter-Leiter-Kapazitäten abnehmen [6]. Bei verdrillten Systemen (siehe Abschnitt 2.2.5) hat die Matrix des Erdseileinflusses $\boldsymbol{\alpha}_{\text{ESeil}}$ lauter gleiche Einträge, Erdseile wirken sich auf symmetrische Systeme deshalb ausschließlich im Nullsystem aus.

Erdseileinfluss auf die Längsimpedanzen

Die Längsspannung über beiseitig geerdeten Leitern wie dem Erdseil ist gleich Null. Es folgt analog zu Gleichung (2.53):

$$\begin{pmatrix} \boldsymbol{\Delta U}_1 \\ 0 \end{pmatrix} = \begin{pmatrix} \mathbf{Z}_{11} & \mathbf{Z}_{12} \\ \mathbf{Z}_{21} & \mathbf{Z}_{22} \end{pmatrix} \cdot \begin{pmatrix} \mathbf{I}_1 \\ \mathbf{I}_2 \end{pmatrix} \tag{2.56}$$

Die Reduktion erfolgt deshalb ebenfalls analog.

$$\boldsymbol{\Delta U}_1 = \Big(\mathbf{Z}_{11}\underbrace{-\mathbf{Z}_{12}\mathbf{Z}_{22}^{-1}\mathbf{Z}_{21}}_{\mathbf{Z}_{\text{ESeil}}}\Big)\mathbf{I}_1 = \mathbf{Z}_{red}\,\mathbf{I}_1 \tag{2.57}$$

Auch bezüglich der Impedanzen wirken sich Erdseile bei verdrillten Systemen nur auf das Nullsystem aus ($\mathbf{Z}_{\text{ESeil}}$ hat lauter gleiche Einträge).

Diskussion der Erdseilreduktion

Die Erdseilreduktion wie sie gerade beschrieben wurde nimmt streng genommen einen Idealfall an, bei dem das Erdseil genau am Anfang und am Ende der Leitung ideal, d.h. ohne Erdungswiderstand, geerdet ist. In der Praxis ist das Erdseil jedoch in regelmäßigen Abständen mit der Masterdungsanlage und, an den Leitungsenden, mit der Erdungsanlage der entsprechenden Station verbunden, welche jeweils einen bestimmten Übergangswiderstand zum Erdreich aufweisen. Herold zeigt in [3] und [4] allerdings, dass sich die Nullimpedanz der Leitung (welche durch das Erdseil maßgeblich beeinflusst wird) bei regelmäßiger Erdseilerdung mit zunehmender Leitungslänge dem angesprochenen Idealfall annähert. Abweichungen sind deshalb nur bei unregelmäßiger oder sehr hochohmiger Mast-/Stationserdung zu erwarten.

2.2.5 Leitungsverdrillung

Verdrillung einzelner Systeme

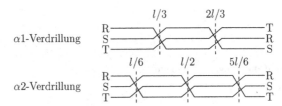

Abbildung 2.7: α1- und α2-Verdrillungen eines einzelnen Dreiphasensystems [3]

Für den optimalen Betrieb elektrischer Drehstromnetze sind symmetrische Betriebsmittel gewünscht, d.h. Betriebsmittel deren Impedanzverhältnisse bezüglich aller drei Phasen identisch sind. Neben gleichem Aufbau der drei Leiter selbst sind dafür bei Leitungen auch die Kopplungselemente zu berücksichtigen. Die Gleichungen (2.17) und (2.43) zeigen, dass mit Kapazitäten und Induktivitäten alle wesentlichen Kopplungsmechanismen zwischen Leitern von Freileitungen (Leitwerte außen vor gelassen, siehe Abschnitt 2.2.3) direkt von den geometrischen Abständen $D_{\nu\mu}$ zwischen diesen bzw. $D'_{\nu\mu}$ zwischen ihnen und ihren Spiegelbildern an der Erdoberfläche abhängen. Da symmetrische dreiphasige Betriebsmittel diagonal-zyklische Matrizen besitzen, können aus den Bildungsvorschriften dieser Matrizen Anforderungen an die Leitungsgeometrie einer symmetrischen Einfachleitung abgeleitet werden. So müssen die Abstände $D_{\nu\mu}$ zwischen den Leitern identisch sein, siehe die

Nebendiagonalen von $\mathbf{L}'$ und $\boldsymbol{\alpha}$ ($\to \mathbf{C}'$) in Gleichung (2.17) und (2.43). Diese Anforderung lässt sich beispielsweise durch Anordnung der Phasen als gleichseitiges Dreieck erreichen. Um eine symmetrische Kapazitätsmatrix zu erreichen, müssen allerdings zusätzlich auch noch die Abstände h_i der Leiter zum Erdboden identisch sein, sowie die Abstände $D'_{\nu\mu}$ zu den am Erdboden gespiegelten anderen beiden Phasen. Dies alles lässt sich im Mittel über eine gewisse Leitungslänge nur dadurch erreichen, dass die Positionen der drei Phasen nach je einem Drittel der Übertragungsstrecke rotiert werden (beide Male mit der gleichen Rotationsfolge, R→S→T→R oder R→T→S→R). Dadurch werden die Abstände der Phasen voneinander und von geerdeten Teilen im Mittel selbst bei unsymmetrischem Mastaufbau gleich. Es gelten dann die folgenden mittleren geometrischen Abstände innerhalb des Systems:

$$h = \sqrt[3]{h_1 h_2 h_3} \qquad D = \sqrt[3]{D_{12} D_{23} D_{31}} \qquad D' = \sqrt[3]{D'_{12} D'_{23} D'_{31}} \tag{2.58}$$

und zu ggf. vorhandenen Erdseilen (Index q):

$$D_{\mathrm{Lq}} = \sqrt[3]{D_{1\mathrm{q}} D_{2\mathrm{q}} D_{3\mathrm{q}}} \qquad D'_{\mathrm{Lq}} = \sqrt[3]{D'_{1\mathrm{q}} D'_{2\mathrm{q}} D'_{3\mathrm{q}}} \tag{2.59}$$

Wird bei Leitungsberechnungen mit solchen mittleren Abständen gerechnet, also mit

$$\boldsymbol{\alpha} = \frac{1}{2\pi\varepsilon} \begin{pmatrix} \ln \frac{2h}{r_{\mathrm{ers}}} & \ln \frac{D'}{D} & \ln \frac{D'}{D} \\ \ln \frac{D'}{D} & \ln \frac{2h}{r_{\mathrm{ers}}} & \ln \frac{D'}{D} \\ \ln \frac{D'}{D} & \ln \frac{D'}{D} & \ln \frac{2h}{r_{\mathrm{ers}}} \end{pmatrix} \quad \text{und} \quad \mathbf{L}' = \frac{\mu_0}{2\pi} \begin{pmatrix} \ln \frac{D_{\mathrm{E}}}{g} & \ln \frac{D_{\mathrm{E}}}{D} & \ln \frac{D_{\mathrm{E}}}{D} \\ \ln \frac{D_{\mathrm{E}}}{D} & \ln \frac{D_{\mathrm{E}}}{g} & \ln \frac{D_{\mathrm{E}}}{D} \\ \ln \frac{D_{\mathrm{E}}}{D} & \ln \frac{D_{\mathrm{E}}}{D} & \ln \frac{D_{\mathrm{E}}}{g} \end{pmatrix} \tag{2.60}$$

spricht man von der Voraussetzung idealer Verdrillung. In Abbildung 2.7 auf der vorherigen Seite sind die beiden für ein einzelnes System praktisch angewandten Verdrillungsmöglichkeiten dargestellt. Durch beide wird die Leitung im Mittel gleichermaßen symmetrisch, bei der $\alpha2$-Verdrillung erkauft man sich durch einen zusätzlichen Verdrillungsmast den betrieblichen Vorteil gleicher Phasenfolge an Anfang und Ende.

Verdrillung zweier Systeme

Im Fall zweier Systeme in räumlicher Nähe zueinander sollen negative Auswirkungen durch gegenseitige Beeinflussungen im Betrieb möglichst vermieden werden. Dabei kann man entweder fordern, dass die Systeme hinsichtlich des idealen dreiphasigen Betriebs vollständig voneinander entkoppelt sind, oder man begnügt sich damit, zumindest eine symmetrische Kopplung zwischen den Systemen zu fordern. Dies bedeutet beispielsweise,

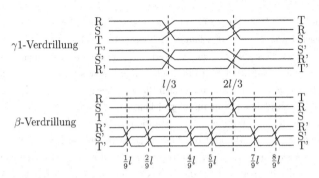

Abbildung 2.8: γ- und β-Verdrillungen einer Doppelleitung [3]

dass normale Betriebs-Mitsystemströme in System 1 keine unerwünschten Gegensystem-ströme in System 2 hervorrufen. Abbildung 2.8 zeigt schematisch die γ- und β-Verdrillung, mit denen diese unterschiedlichen Grade der Entkopplung bei einer Doppelleitung er-reicht werden. Mathematisch drückt sich die Kopplung zwischen zwei Systemen in den Einträgen derjenigen Untermatrizen von $\mathbf{L}'$ und $\boldsymbol{\alpha}$ bzw. $\mathbf{C}'$ aus, die elektrische Größen des einen Systems mit solchen des anderen verknüpfen[2]. Durch $\boldsymbol{\gamma 1/\gamma 2}$**-Verdrillung**[3] mit zwei Verdrillungsstellen, an denen beide Systeme rotiert werden (Abbildung 2.8 oben) kann man an diesen Stellen der Leitungsmatrix Untermatrizen mit diagonal-zyklischer Struktur erreichen. In symmetrischen Komponenten übertragen bedeutet das, dass die Systeme nur innerhalb ihrer Mit-, Gegen- und Nullsysteme gekoppelt sind, nicht aber zwischen verschiedenen Komponentensystemen. Man spricht von symmetrischer Kopplung. Sie führt außerdem dazu, dass die Stromaufteilung bei Parallelschaltung der Systeme gleichmäßig erfolgt. Aus den Bestimmungsformeln der Matrizen lassen sich wiederum die Anforderungen an den geometrischen Aufbau der Leitung für die Realisierung der γ-Verdrillung ableiten. So muss aufgrund der Nenner der Logarithmusargumente in $\mathbf{L}'$ und $\boldsymbol{\alpha}$ gelten (vergleiche für die Phasenbenennung Abbildung 2.9 auf Seite 24):

1. Jeweils gleiche Phasen beider Systeme müssen voneinander im Mittel den gleichen Abstand D_{II} haben (R von R', S von S' und T von T').

2. Alle Phasen müssen von den jeweils anderen Phasen des anderen Systems (R–S', R–T', S–T', S–R', T–R', T–S') im Mittel den gleichen Abstand D_{I} haben.

Die Zähler der Logarithmusargumente in $\boldsymbol{\alpha}$ bedingen, dass ähnliche Bedingungen auch zwi-

---

[2]Bei einer Doppelleitung mit Parametermatrix der Dimension 6×6 ist dies die 3×3-Untermatrix der Zeilen 1–3 und Spalten 4–6 und die Untermatrix der Zeilen 4–6 und Spalten 1–3.
[3]Je nachdem, ob die Einzelsysteme $\alpha 1$- oder $\alpha 2$-verdrillt sind, spricht man von $\gamma 1$- bzw. $\gamma 2$-Verdrillung.

schen den Phasen des einen Systems (R, S, T) und den an der Erdoberfläche gespiegelten Phasen des anderen Systems (R″, S″, T″) gelten müssen:

3. Zwischen R und R″, S und S″ und T und T″ muss im Mittel der gleiche Abstand D'_{II} vorliegen.

4. Auch die Abstände R–S″, R–T″, S–T″, S–R″, T–R″, T–S″ müssen im Mittel gleich sein (D'_I).

Bei weiterhin zwei Verdrillungsstellen ist für die Erfüllung der Bedingungen 1 und 3 ausreichend, dass beide Systeme jedes Mal im gleichen Drehsinn, d.h. entweder R→S→T→R oder R→T→S→R, rotiert werden. Zur Erfüllung der Bedingungen 2 und 4 ist notwendig, dass zwischen den entsprechenden (Spiegel-)Phasen von den sechs möglichen Abständen zwischen unterschiedlichen Phasen nur drei verschieden sind, vergleiche dazu die mit „Symmetrie" überschriebenen Umformungen in den Gleichungen (2.61) und (2.63). Auf diese Weise kann bei gleichsinniger Rotation jede Phase zu den beiden anderen Phasen des anderen Systems jeden dieser Abstände über je ein Drittel der Leitungslänge einnehmen. Da für das Beschriebene bestimmte geometrische Verhältnisse notwendig sind (Geraden-/Punktspiegelung, Translation) und alle vier Bedingungen gleichzeitig einzuhalten sind, wird die vollständige γ-Verdrillung nur bei den folgenden Anordnungen beider Systeme zueinander erreicht:

Möglichkeit 1: Anordnung der Phasen beider Systeme mit vertikaler Spiegelachse zwischen beiden Systemen[4] (häufig durch symmetrischen Mastaufbau begünstigt).

Möglichkeit 2: Anordnung beider Systeme mit der gleichen vertikalen Symmetrieachse für beide Systeme. Während die gleiche Phase auf der Symmetrieachse liegen muss, dürfen in diesem Fall optional sogar in einem der Systeme die anderen Phasen an der vertikalen Achse gespiegelt vorliegen (siehe Abbildung 2.9).

Möglichkeit 3: Spiegelung der Phasenpositionen beider Systeme an einer horizontalen Spiegelachse bei Anordnung der Phasen jedes Systems auf einer zur Spiegelachse parallelen Linie.

Abbildung 2.9 zeigt die drei Möglichkeiten anhand von Beispielen. Kennzeichnet man Leiterpositionen gleicher Phasen im parallelen System mit Hochkommas, können die

---

[4]Gemeint ist damit stets: die Spiegelung gilt in allen drei Verdrillungsabschnitten. Damit wird auch automatisch die Phasenrotation an dieser Achse gespiegelt ausgeführt.

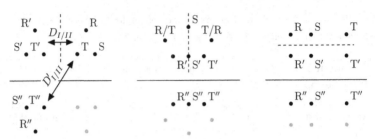

Abbildung 2.9: Beispiele für Anordnung zweier Systeme zueinander für korrekte γ-Verdrillung. Abgebildet ist jeweils die Anordnung eines beispielhaften ersten Verdrillungsabschnitts.

insgesamt vier charakteristischen Abstände der γ-Verdrillung wie folgt notiert werden:

$$D_{\mathrm{I}} = \sqrt[6]{D_{12'}D_{23'}D_{31'}D_{1'2}D_{2'3}D_{3'1}} \overset{\text{Symmetrie}}{=} \sqrt[3]{D_{12'}D_{23'}D_{31'}} \tag{2.61}$$

$$D_{\mathrm{II}} = \sqrt[3]{D_{11'}D_{22'}D_{33'}} \tag{2.62}$$

Zu den am Erdboden gespiegelten Leitern:

$$D'_{\mathrm{I}} = \sqrt[6]{D'_{12'}D'_{23'}D'_{31'}D'_{1'2}D'_{2'3}D'_{3'1}} \overset{\text{Symmetrie}}{=} \sqrt[3]{D'_{12'}D'_{23'}D'_{31'}} \tag{2.63}$$

$$D'_{\mathrm{II}} = \sqrt[3]{D'_{11'}D'_{22'}D'_{33'}} \tag{2.64}$$

Es gilt dann für die Matrizen der Koppelelemente zwischen den Systemen 1 und 2:

$$\boldsymbol{\alpha}_{12} = \frac{1}{2\pi\varepsilon}\begin{pmatrix} \ln\frac{D'_{II}}{D'_{II}} & \ln\frac{D'_I}{D_I} & \ln\frac{D'_I}{D_I} \\ \ln\frac{D'_I}{D_I} & \ln\frac{D'_{II}}{D_{II}} & \ln\frac{D'_I}{D_I} \\ \ln\frac{D'_I}{D_I} & \ln\frac{D'_I}{D_I} & \ln\frac{D'_{II}}{D_{II}} \end{pmatrix} \quad \text{und} \quad \mathbf{L}'_{12} = \frac{\mu_0}{2\pi}\begin{pmatrix} \ln\frac{D_{\mathrm{E}}}{D_{II}} & \ln\frac{D_{\mathrm{E}}}{D_I} & \ln\frac{D_{\mathrm{E}}}{D_I} \\ \ln\frac{D_{\mathrm{E}}}{D_I} & \ln\frac{D_{\mathrm{E}}}{D_{II}} & \ln\frac{D_{\mathrm{E}}}{D_I} \\ \ln\frac{D_{\mathrm{E}}}{D_I} & \ln\frac{D_{\mathrm{E}}}{D_I} & \ln\frac{D_{\mathrm{E}}}{D_{II}} \end{pmatrix} \tag{2.65}$$

Bei der **β-Verdrillung** wird ein System dreimal so oft α-verdrillt wie das andere. Anders als bei der γ-Verdrillung ist dabei die Lage der Leiterpositionen beider Systeme egal und auch der gegenseitige Rotationssinn ist unerheblich solange er innerhalb jedes Systems beibehalten wird. Es wird dadurch erreicht, dass jeder einzelne Leiter von jedem anderen im Mittel gleichen Abstand besitzt. Es gilt dann:

$$D_{\mathrm{I}} = D_{\mathrm{II}} = \sqrt[9]{D_{11'}D_{21'}D_{31'}D_{12'}D_{22'}D_{32'}D_{13'}D_{23'}D_{33'}} \tag{2.66}$$

In der Koppelmatrix entstehen auf diese Weise lauter gleiche Einträge, was in Symmetrischen Komponenten einer Entkopplung in Mit- und Gegensystem (d.h. Nullen an den entsprechenden Stellen der Koppelmatrix) bzw. reiner Kopplung im Nullsystem entspricht. Der hohe Aufwand durch die große Anzahl notwendiger Verdrillungsmasten führt allerdings dazu, dass diese Verdrillungsart trotzdem kaum angewandt wird.

Verdrillung von mehr als zwei Systemen

Theoretisch kann der Effekt einer β-Kopplung zwischen mehr als zwei Systemen auf dem gleichen Mast durch zusätzliche Verdrillungsstellen erreicht werden. Da bei n Systemen aber $3^n - 1$ Verdrillungsmasten notwendig wären ist dies nicht praktisch relevant. Hingegen kann γ-Verdrillung mit nur zwei Verdrillungsmasten zwar auch zwischen mehr als zwei Systemen auf dem gleichen Mast erreicht werden, jedoch nicht gleichzeitig zwischen allen. Zwischen zueinander γ-verdrillten Systemen muss stets eine der drei auf Seite 23 vorgestellten Möglichkeiten realisiert sein. Weil dabei stets horizontale oder vertikale Symmetrie verlangt wird, ist bei einem Mastbild mit vier Systemen γ-Verdrillung zwischen vertikal und horizontal zueinander angeordneten Systemen erreichbar, nicht aber zwischen schräg zueinander liegenden Systemen. Es muss jedoch bedacht werden, dass der Abstand solcher Systeme vermutlich ohnehin verhältnismäßig groß und die Kopplungen dadurch gering sind. Außerdem bewirkt eine α-Verdrillung der Einzelsysteme in jedem Fall auch eine gewisse Symmetrierung der Zwischensystemkopplungen, selbst wenn die diskutierten Bedingungen nicht 100%ig eigehalten werden.

Kopplung verdrillter zu unverdrillten Systemen

Die Leiter eines verdrillten Systems haben zu jedem nicht an einer Verdrillung beteiligten Leiter (der also seinen Platz im Mastbild beibehält), im Mittel gleichen Abstand, weshalb zu diesem keine Mit- und Gegensystemkopplung sondern nur eine Nullkopplung vorliegt. Dies ist auch der Grund, warum sich Erdseile auf verdrillte Systeme stets nur im Nullsystem auswirken. In natürlichen Größen ist ihr Einfluss auf alle Matrixelemente solcher Systeme gleich. [3] Dass Mit- und Gegensystemströme und -spannungen verdrillter Systeme nicht auf unverdrillte Leiter und Systeme übertragen werden, spielt bei Hybridleitungen eine Rolle, da damit die elektromagnetischen Beeinflussungen zwischen AC- und den gewöhnlich ohne Verdrillung betriebenen DC-Systemen minimiert werden können.

Es muss allerdings grundsätzlich darauf hingewiesen werden, dass eine Rechnung von vorne herein mit mittleren Abständen die Realität nicht genau abbildet. So bewirkt eine reale Leitungsverdrillung nur über die Gesamtleitung betrachtet eine näherungsweise Symmetrierung des Betriebsmittels und damit die angestrebte Entkopplung. Innerhalb der

Verdrillungsabschnitte ist die Leitung weiterhin unverdrillt und die Systeme somit nicht entkoppelt. Die Auswirkung des Unterschieds zwischen idealer und realer Verdrillung auf Phänomene für die lokale Kopplungen eine Rolle spielen wird in Kapitel 3.8 diskutiert.

2.3 Isolierte Berechnung kapazitiver und induktiver Beeinflussung

2.3.1 Kapazitive Beeinflussung

Angenommen ein oder mehrere Stromkreise deren Leiter mit dem Index 1 gekennzeichnet werden befindet sich parallel zu einer Anzahl anderer Hochspannungssysteme (Index 2) auf dem gleichen Mast. Für die Berechnung der Einkopplung kapazitiver Querspannungen von den Systemen 2 auf die Leiter der Gruppe 1 werden letzteres als beidseitig leerlaufend betrachtet. Gleichung (2.22) auf Seite 12 stellt sich damit folgendermaßen dar:

$$\begin{pmatrix} \mathbf{Q'}_1 \\ \mathbf{Q'}_2 \end{pmatrix} = \begin{pmatrix} \mathbf{C'}_{11} & \mathbf{C'}_{12} \\ \mathbf{C'}_{21} & \mathbf{C'}_{22} \end{pmatrix} \begin{pmatrix} \mathbf{U}_1 \\ \mathbf{U}_2 \end{pmatrix} \tag{2.67}$$

Da auf beidseitig leerlaufende Leiter keine Ladungen auf- oder abfließen können, lauten die Zeilen der entsprechenden Leiter:

$$\mathbf{Q'}_1 = \mathbf{0} = \mathbf{C'}_{11}\,\mathbf{U}_1 + \mathbf{C'}_{12}\,\mathbf{U}_2 \tag{2.68}$$

woraus sich durch Umstellen die kapazitiv eingekoppelten Phasenspannungen der leerlaufenden Leiter bestimmen lassen.

$$\mathbf{U}_1 = -\mathbf{C'}_{11}^{-1}\mathbf{C'}_{12}\,\mathbf{U}_2 \tag{2.69}$$

Da sich die Einheit des Ausdrucks $\mathbf{C'}_{11}^{-1}\mathbf{C'}_{12}$ kürzt, ist das Ergebnis von der Leitungslänge unabhängig.

2.3.2 Induktive Beeinflussung

Für die isolierte Berechnung der induktiven Einkopplungen gilt Gleichung (2.70). Hier werden von im Betrieb befindlichen Leitern mit Index 2 in leerlaufenden (Strom gleich null) Leitern mit Index 1 Längsspannungen induziert.

$$\begin{pmatrix} \mathbf{\Delta U_1} \\ \mathbf{\Delta U_2} \end{pmatrix} = j\omega \begin{pmatrix} \mathbf{L_{11}}l & \mathbf{L_{12}}l \\ \mathbf{L_{21}}l & \mathbf{L_{22}}l \end{pmatrix} \begin{pmatrix} \mathbf{0} \\ \mathbf{I_2} \end{pmatrix} \tag{2.70}$$

Bei den induktiven Längsspannungen geht die Leitungslänge l mit ein. Es folgt für die gesuchten Größen:

$$\mathbf{\Delta U_1} = j\omega \mathbf{L_{12}}l \cdot \mathbf{I_2} \tag{2.71}$$

2.4 Leitungsentkopplung durch Modaltransformationen

Wie in Kapitel 2.1 gezeigt, resultieren aus den Kopplungen zwischen den Leitern von Mehrphasensystemen Gleichungssysteme mit vollbesetzten Matrizen (z.B. Induktivitäts- und Kapazitätsmatrizen). Wenn man von den natürlichen Koordinaten, in welchen reale Leiterströme und -spannungen verknüpft werden, in einen Bildraum sogenannter modaler Koordinaten – auch modale Komponenten genannt – übergeht, lassen sich die Gleichungen entkoppeln. Das führt in Bezug auf die auftretenden Matrizen zur Umwandlung in Diagonalmatrizen mit den Eigenwerten auf der Hauptdiagonalen. Es handelt sich dabei um eine Koordinatentransformation mit einer zugehörigen Transformations- oder auch Modalmatrix $\mathbf{T_M}$ [7]. Im Folgenden sollen zunächst die Anforderungen an Modaltransformationen symmetrischer Systeme abgeleitet werden, bevor in Abschnitt 2.4.2 allgemeine Modaltransformationen für beliebig unsymmetrische Anordnungen vorgestellt werden.

2.4.1 Modaltransformationen symmetrischer Systeme

Geht man vom symmetrischen Dreiphasensystem in Abbildung 2.10 aus, lautet die zugehörige Matrixgleichung:

$$\begin{pmatrix} U_R \\ U_S \\ U_T \end{pmatrix} = \begin{pmatrix} Z & Z_{LL} & Z_{LL} \\ Z_{LL} & Z & Z_{LL} \\ Z_{LL} & Z_{LL} & Z \end{pmatrix} \begin{pmatrix} I_R \\ I_S \\ I_T \end{pmatrix} + \begin{pmatrix} U_{qR} \\ U_{qS} \\ U_{qT} \end{pmatrix} + \begin{pmatrix} U_{ME} \\ U_{ME} \\ U_{ME} \end{pmatrix} \tag{2.72}$$

Auftretende Matrizen, in diesem Fall die Impedanzmatrix, haben aufgrund der Symmetrie stets diagonal-zyklisch symmetrische Struktur. In kompakter Schreibweise gilt:

$$\mathbf{U} = \mathbf{Z}\,\mathbf{I} + \mathbf{U_q} + \mathbf{U_{ME}} \tag{2.73}$$

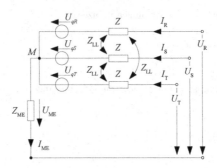

Abbildung 2.10: Ersatzschaltbild eines symmetrischen Dreiphasensystems (nach [7])

Um modale Größen einzuführen, werden die folgenden Ersetzungen vorgenommen:

$$\left.\begin{array}{l} \mathbf{U} = \mathbf{T}_M \mathbf{U}_M \\ \mathbf{I} = \mathbf{T}_M \mathbf{I}_M \end{array}\right\} \quad \Rightarrow \mathbf{T}_M \mathbf{U}_M = \mathbf{Z} \mathbf{T}_M \mathbf{I}_M + \mathbf{U}_q + \mathbf{U}_{ME} \tag{2.74}$$

Von links mit $\mathbf{T}_M^{-1}$ multipliziert ergibt sich:

$$\mathbf{U}_M = \mathbf{T}_M^{-1} \mathbf{Z} \mathbf{T}_M \mathbf{I}_M + \mathbf{T}_M^{-1} \mathbf{U}_q + \mathbf{T}_M^{-1} \mathbf{U}_{ME} \tag{2.75}$$

$$\Leftrightarrow \mathbf{U}_M = \mathbf{Z}_M \mathbf{I}_M + \mathbf{U}_{qM} + \mathbf{U}_{MEM} \tag{2.76}$$

$\mathbf{T}_M$ wurde hier als Rücktransformationsmatrix eingeführt. Die Transformation einer natürlichen Größe in modale Komponenten wird daher durch Linksmultiplikation mit $\mathbf{T}_M^{-1}$ vorgenommen, die Rücktransformation durch Multiplikation mit $\mathbf{T}_M$. Damit nun die Gleichungen voneinander entkoppelt sind, muss $\mathbf{Z_M}$ eine Diagonalmatrix $\mathbf{\Lambda}$ sein:

$$\mathbf{Z}_M = \mathbf{T}_M^{-1} \mathbf{Z} \mathbf{T}_M = \mathbf{\Lambda} = \mathrm{diag}(\lambda_1\,\lambda_2\,\lambda_3) \tag{2.77}$$

Mit dem allgemeinen Aufbau der Transformationsmatrix

$$\mathbf{T}_M = \begin{pmatrix} t_{11} & t_{12} & t_{13} \\ t_{21} & t_{22} & t_{23} \\ t_{31} & t_{32} & t_{33} \end{pmatrix} = \begin{pmatrix} \mathbf{t}_1 & \mathbf{t}_2 & \mathbf{t}_3 \end{pmatrix} \tag{2.78}$$

folgt aus (2.77) durch Umstellen

$$\mathbf{Z}\mathbf{T}_M = \mathbf{T}_M \mathbf{\Lambda} \quad \Longleftrightarrow \quad \begin{pmatrix} \mathbf{Z}\mathbf{t}_1 & \mathbf{Z}\mathbf{t}_2 & \mathbf{Z}\mathbf{t}_3 \end{pmatrix} = \begin{pmatrix} \lambda_1 \mathbf{t}_1 & \lambda_2 \mathbf{t}_2 & \lambda_3 \mathbf{t}_3 \end{pmatrix} \tag{2.79}$$

Spaltenweise dargestellt entspricht dieser Ausdruck der Bestimmungsgleichung von Eigenwerten λ_i und Eigenvektoren $\mathbf{t}_i$ der Matrix $\mathbf{Z}$ ($\mathbf{E}$ ist die Einheits-, $\mathbf{o}$ die Nullmatrix):

$$(\mathbf{Z} - \lambda_i \mathbf{E})\mathbf{t}_i = \mathbf{o} \tag{2.80}$$

Bestimmung der Eigenwerte

Die charakteristische Gleichung zur Bestimmung der Eigenvektoren lautet

$$\det(\mathbf{Z} - \lambda\mathbf{E}) = \begin{vmatrix} Z-\lambda & Z_{\mathrm{LL}} & Z_{\mathrm{LL}} \\ Z_{\mathrm{LL}} & Z-\lambda & Z_{\mathrm{LL}} \\ Z_{\mathrm{LL}} & Z_{\mathrm{LL}} & Z-\lambda \end{vmatrix} = (Z-\lambda)^3 - 3Z_{\mathrm{LL}}^2(Z-\lambda) + 3Z_{\mathrm{LL}}^3 = 0 \tag{2.81}$$

mit den Lösungen:

$$\begin{aligned} \lambda_1 &= Z + 2Z_{\mathrm{LL}} = Z_{(0)} & &\text{Nullimpedanz} \\ \lambda_2 &= Z - Z_{\mathrm{LL}} = Z_{(1)} & &\text{Mitimpedanz} \\ \lambda_3 &= Z - Z_{\mathrm{LL}} = Z_{(2)} = Z_{(1)} & &\text{Gegenimpedanz} \end{aligned} \tag{2.82}$$

Man erkennt, das zwei der drei Eigenwerte einer symmetrischen Drehstromleitung identisch sind. Sie werden als Mit- und Gegensystem bezeichnet. Der dritte Eigenwert, das Nullsystem, beschreibt die Eigenschaften die Leitung gegenüber in allen drei Leitern gleichphasig wirkenden Spannungen und Strömen. Bestimmt man die Eigenwerte der Admittanzmatrix aus Gleichung 2.6 auf Seite 6, ergibt sich der Zusammenhang zwischen Teiladmittanzen in natürlichen Koordinaten und Eigenwertadmittanzen:

$$\begin{aligned} Y_{(0)} &= Y & &\text{Nullimpedanz} \\ Y_{(1)} = Y_{(2)} &= Y + 3Y_{\mathrm{LL}} & &\text{Mit-/Gegenimpedanz} \end{aligned} \tag{2.83}$$

Bestimmung der Eigenvektoren

Setzt man Eigenwert 1 in Gleichung (2.80) ein, folgt

$$Z_{\mathrm{LL}} \begin{pmatrix} -2 & 1 & 1 \\ 1 & -2 & 1 \\ 1 & 1 & -2 \end{pmatrix} \begin{pmatrix} t_{11} \\ t_{21} \\ t_{31} \end{pmatrix} = \begin{pmatrix} 0 \\ 0 \\ 0 \end{pmatrix} \tag{2.84}$$

und daraus die Bedingung für der ersten Eigenvektor:

$$k_1 t_{13} = k_1 t_{23} = k_1 t_{33} \qquad k_1 \text{ beliebig} \tag{2.85}$$

Durch analoges Vorgehen mit den Eigenwerten λ_2 und λ_3 erhält man die beiden weiteren Bedingungen:

$$k_2(t_{12} + t_{22} + t_{32}) = 0 \qquad k_2 \text{ beliebig} \tag{2.86}$$

$$k_3(t_{11} + t_{21} + t_{31}) = 0 \qquad k_3 \text{ beliebig} \tag{2.87}$$

Jede invertierbare Matrix, die diese drei Anforderungen an ihre Spalten erfüllt, ist eine mögliche Transformationsmatrix, die ein symmetrisches Dreiphasensystem entkoppelt. In Spalte eins kann ein Element, in den Spalten zwei und drei jeweils zwei Elemente frei gewählt werden. Zusätzlich müssen die Vorgaben für die letzten beiden Spalten verschieden sein, da die Matrix sonst singulär, d.h. nicht invertierbar ist. [7]

Beispiele von Modaltransformationen für symmetrische Systeme

Das bekannteste Beispiel einer Modaltransformation für symmetrische Systeme sind die **Symmetrischen Komponenten** mit den Rück- und Hin-Transformationsmatrizen

$$\mathbf{T}_{\text{SK}} = \begin{pmatrix} 1 & 1 & 1 \\ 1 & \underline{a}^2 & \underline{a} \\ 1 & \underline{a} & \underline{a}^2 \end{pmatrix} ; \qquad \mathbf{T}_{\text{SK}}^{-1} = \frac{1}{3} \begin{pmatrix} 1 & 1 & 1 \\ 1 & \underline{a} & \underline{a}^2 \\ 1 & \underline{a}^2 & \underline{a} \end{pmatrix} \tag{2.88}$$

Das gekoppelte Gleichungssystem (2.72) wird durch Transformation zu

$$\begin{pmatrix} U_{(0)} \\ U_{(1)} \\ U_{(2)} \end{pmatrix} = \begin{pmatrix} Z_{(0)} & 0 & 0 \\ 0 & Z_{(1)} & 0 \\ 0 & 0 & Z_{(2)} \end{pmatrix} \begin{pmatrix} I_{(0)} \\ I_{(1)} \\ I_{(2)} \end{pmatrix} + \begin{pmatrix} 0 \\ 0 \\ U_{\text{q}(1)} \end{pmatrix} + \begin{pmatrix} U_{\text{ME}} \\ 0 \\ 0 \end{pmatrix} \tag{2.89}$$

was einer Entkopplung der Schaltung aus Bild 2.10 auf Seite 28 in die drei unabhängigen Komponentennetzwerke gemäß Abbildung 2.11 auf der nächsten Seite entspricht, symmetrische Spannungsquellen vorausgesetzt. Auf Freileitungen oder allgemein Drehstromleitungen angewandt heißt das, dass symmetrisch aufgebaute Leitungen durch Modaltransformation in drei unabhängige Einphasenleitungen zerlegt werden können.

Wie oben erwähnt, gibt es theoretisch unendlich viele weitere funktionierende Transformationen für symmetrische Systeme. Nur wenige machen jedoch in der Praxis Sinn und finden

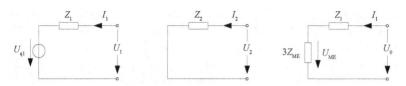

Abbildung 2.11: Komponentennetzwerke: Mitsystem (links), Gegensystem (mitte), Nullsystem (rechts)

Anwendung. Zu nennen wären beispielsweise die **Diagonal- oder $\alpha\beta 0$-Komponenten** mit einer rein reellen Transformationsmatrix. **Raumzeiger und Nullgröße** sind modale Komponenten die anders als Symmetrische Komponenten oder Diagonalkomponenten im Zeitbereich angewendet werden und deshalb nicht auf die Beschreibung von stationären, einfrequenten Vorgängen beschränkt sind. Sie sind insofern die allgemeinste Transformation und enthalten die anderen jeweils als Spezialfälle. Bei der Betrachtung elektrischer Maschinen werden häufig die sogenannten *dq0*-**Komponenten** angewendet, welche den Real- und Imaginärteil des Raumzeigers in einem umlaufenden Koordinatensystem darstellen.

Allen dieser sogenannten allgemeinen Modaltransformationen ist gemein, dass ihre Transformationsmatrizen von der konkreten Leitungsgeometrie unabhängig sind und dass sie gewinnbringend nur auf dreiphasig-symmetrische Systeme angewendet werden können. Im folgenden Kapitel wird darauf eingegangen, wie eine allgemeine Modaltransformation erlaubt, unsymmetrische Systeme beliebiger Phasenanzahl in eine entsprechende Anzahl an Wechselstromleitungen zu zerlegen. Dabei wird gelegentlich auf das anschließende Kapitel Berechnung homogener Leitungen vorgegriffen.

2.4.2 Modaltransformation unsymmetrischer Systeme

Wenn eine Leiteranordnung nicht symmetrisch ist, bzw. wenn keine vollständige Symmetrierung durch Leitungsverdrillung vorgenommen wurde, kann durch die Transformationen aus dem letzten Kapitel keine vollständige Entkopplung erreicht werden. Bei deren Anwendung blieben – anders als in Gleichung (2.89) gezeigt – Werte verschieden von Null auf den Nebendiagonalen stehen. Trotzdem existiert eine geeignete Modaltransformation, die zur vollständigen Entkopplung führt. Allerdings ist deren Transformationsmatrix nicht parameterunabhängig wie es für symmetrische Transformationen der Fall ist, sondern ist von der Leitungsgeometrie abhängig und muss jeweils speziell durch Eigenwertanalyse bestimmt werden.

Ausgangspunkt bilden die (um den Erdseileinfluss reduzierten) Queradmittanz- und Längsimpedanzmatrizen $\mathbf{Y}$ und $\mathbf{Z}$, bestimmt nach Kapitel 2.2. Wie in Kapitel 2.5 erläutert werden wird, ist das Produkt aus Leitungs-Impedanz und Leitungs-Admittanz das Quadrat der Übertragungskonstanten γ, siehe die Spannungsleitungsgleichung (2.112) und die Stromleitungsgleichung (2.113). Allerdings werden hier nun anders als bei einer Einphasenleitung Matrizen miteinander multipliziert, als Ergebnis erhält man folglich ebenfalls Matrizen. Weiterhin ist anders als bei Skalaren die Reihenfolge der Multiplikation im Allgemeinen nicht mehr egal. Man erhält deshalb gemäß der Gleichungen (2.112) und (2.113) zum einen die Matrix der Quadrate der Übertragungskonstanten für die Spannung γ_{2u} und jene für den Strom γ_{2i} [4]:

$$\gamma_{2u} = \mathbf{Z} \cdot \mathbf{Y} \tag{2.90}$$

$$\gamma_{2i} = \mathbf{Y} \cdot \mathbf{Z} \tag{2.91}$$

Für symmetrische Systeme, bei denen $\mathbf{Z}$ und $\mathbf{Y}$ diagonal-zyklische Struktur haben, sind diese Matrizen identisch, im Allgemeinen gilt dies jedoch nicht. Doch selbst bei unsymmetrischen Systemen sind $\mathbf{Z}$ und $\mathbf{Y}$ in sich stets symmetrische Matrizen ($\mathbf{Z} = \mathbf{Z}^{\mathrm{T}}$, $\mathbf{Y} = \mathbf{Y}^{\mathrm{T}}$), weshalb gilt

$$\gamma_{2u} = \mathbf{Z}\mathbf{Y} = \mathbf{Z}^{\mathrm{T}}\mathbf{Y}^{\mathrm{T}} = (\mathbf{Y}\mathbf{Z})^{\mathrm{T}} = \gamma_{2i}^{\mathrm{T}} \tag{2.92}$$

Daraus folgt, dass γ_{2u} und γ_{2i} die gleichen Eigenwerte besitzen[5]. Diese bilden die Quadrate der Übertragungskonstanten im Modalbereich γ_{2m}. Durch Wurzelziehen gehen daraus die modalen Übertragungskonstanten γ_m hervor, welche auch als die Eigenwerte der Leitung bezeichnet werden.

$$\gamma_{2m} = \text{eigenwerte}(\gamma_{2u}) = \text{eigenwerte}(\gamma_{2i}) \tag{2.93}$$

$$\gamma_m = \sqrt{\gamma_{2m}} \tag{2.94}$$

Anders als die Eigenwerte sind die (rechten[6]) Eigenvektoren von γ_{2u} und γ_{2i} im allgemeinen Fall verschieden. Es gibt daher Spannungseigenvektoren $\mathbf{V}_u$ und Stromeigenvektoren $\mathbf{V}_i$. Da die rechten Eigenvektoren einer Matrix gerade den linken Eigenvektoren der transponierten Matrix entsprechen, kann man sagen, dass $\mathbf{V}_u$ und $\mathbf{V}_i$ die rechten und linken Eigenvektoren von γ_{2u} darstellen, bzw. umgekehrt bezogen auf γ_{2i}. Bei symmetrischen

---

[5]Grund: Bestimmungsgleichung für EW ist das charakteristische Polynom $\det(\mathbf{A} - \lambda\mathbf{E})$. Wegen $\det(\mathbf{A}) = \det(\mathbf{A}^{\mathrm{T}})$ gilt $\det(\mathbf{A}^{\mathrm{T}} - \lambda\mathbf{E}) = \det(\mathbf{A}^{\mathrm{T}} - \lambda\mathbf{E}^{\mathrm{T}}) = \det(\mathbf{A} - \lambda\mathbf{E})^{\mathrm{T}} = \det(\mathbf{A} - \lambda\mathbf{E})$

[6]Definition rechte EV: $\mathbf{A}\mathbf{x} = \lambda\mathbf{x}$; Definition linke EV: $\mathbf{x}^{\mathrm{T}}\mathbf{A} = \lambda\mathbf{x}^{\mathrm{T}}$

Systemen sind rechte und linke Eigenvektoren identisch.

$$\mathbf{V}_u = \text{eigenvektoren}(\boldsymbol{\gamma}_{2u}), \qquad \mathbf{V}_i = \text{eigenvektoren}(\boldsymbol{\gamma}_{2i}) \qquad (2.95)$$

Wie im vorangegangenen Abschnitt 2.4.1 bei symmetrischen Systemen bildet jeweils die Matrix der Eigenvektoren die Transformationsmatrix. $\mathbf{V}_u$ und $\mathbf{V}_i$ sind deshalb die Transformationsmatrizen für die Spannung respektive den Strom. Im Gegensatz zu den Symmetrischen Komponenten, wo sowohl Spannung als auch Strom mit der Matrix $\mathbf{T}_{SK}$ transformiert werden, muss nun je nach Art der Größen die richtige (Rück-)Transformationsmatrix verwendet werden, d.h. $\mathbf{U} = \mathbf{V}_u \cdot \mathbf{U}_m$ und $\mathbf{I} = \mathbf{V}_i \cdot \mathbf{I}_m$. Eigenvektoren sind nur bis auf einen skalaren Faktor eindeutig bestimmt. Durch die getrennte Berechnung gemäß (2.95) ist nicht sichergestellt, dass $\mathbf{V}_u$ und $\mathbf{V}_i$ neben der Diagonalisierung der Spannungs- bzw. Stromeigenwertmatrizen auch gemeinsam das über Strom und Spannung gekoppelte Problem, also etwa die Impedanzmatrix $\mathbf{Z}$ korrekt entkoppeln. Deshalb werden die Spannungseigenvektoren nach Gleichung (2.95) als gegeben hingenommen und die Stromeigenvektoren so aus diesen bestimmt, dass sie ihnen angepasst sind. Dafür werden zunächst $\mathbf{Z}$ und $\mathbf{Y}$ separat diagonalisiert:

$$\mathbf{V}_z = \text{eigenvektoren}(\mathbf{Z}) \qquad \rightarrow \qquad \mathbf{Z}_{\text{diag}} = \mathbf{V}_z^{-1} \cdot \mathbf{Z} \cdot \mathbf{V}_z \qquad (2.96)$$

$$\mathbf{V}_y = \text{eigenvektoren}(\mathbf{Y}) \qquad \rightarrow \qquad \mathbf{Y}_{\text{diag}} = \mathbf{V}_y^{-1} \cdot \mathbf{Y} \cdot \mathbf{V}_y \qquad (2.97)$$

$\mathbf{Z}$ und $\mathbf{Y}$ müssen sich gleichwertig auch mittels $\mathbf{V}_u$ und $\mathbf{V}_i$ diagonalisieren lassen:

$$\mathbf{Z}_{\text{diag}} = \mathbf{V}_u^{-1} \cdot \mathbf{Z} \cdot \mathbf{V}_i \qquad (2.98)$$

$$\mathbf{Y}_{\text{diag}} = \mathbf{V}_i^{-1} \cdot \mathbf{Y} \cdot \mathbf{V}_u \qquad (2.99)$$

Auf dieser Grundlage können Eigenvektoren des Stromes aus denen der Spannung abgeleitet werden, siehe Gleichung (2.100). Der Unterschied zwischen beiden Ergebnissen ist nur sehr gering, sodass der Mittelwert aus ihnen als angepasste Stromeigenvektoren angenommen wird. Gegenüber (2.95) entspricht dieses Vorgehen lediglich einer neuen Skalierung der Eigenvektoren.

$$\left.\begin{array}{l} \mathbf{V}_{iz} = \mathbf{Z}^{-1} \cdot \mathbf{V}_u \cdot \mathbf{Z}_{\text{diag}} \\ \mathbf{V}_{iy} = \mathbf{Y} \cdot \mathbf{V}_u \cdot \mathbf{Y}_{\text{diag}}^{-1} \end{array}\right\} \quad \Rightarrow \quad \mathbf{V}_i = \frac{1}{2}(\mathbf{V}_{iz} + \mathbf{V}_{iy}) \qquad (2.100)$$

Mit den auf diese Weise erhaltenen Transformationsmatrizen für Strom und Spannung lassen sich nun auch die Queradmittanz- und die Längsimpedanzmatrix in den Modalbereich überführen, d.h. in eine Diagonalmatrix umformen. Man beachte, dass diese Matrizen

Spannungen auf der einen, mit Strömen auf der anderen Seite verknüpfen. Für die Transformation müssen deshalb beide Transformationsmatrizen kombiniert angewendet werden.

$$\mathbf{Y}_m = \mathbf{V}_i^{-1} \cdot \mathbf{Y} \cdot \mathbf{V}_u \qquad \text{modale Queradmittanzmatrix} \qquad (2.101)$$

$$\mathbf{Z}_m = \mathbf{V}_u^{-1} \cdot \mathbf{Z} \cdot \mathbf{V}_i \qquad \text{modale Längsimpedanzmatrix} \qquad (2.102)$$

Als weitere Leitungsparameter im Modalbereich können die (Quadrate der) modalen Wellenwiderstände berechnet werden.

$$\mathbf{Z}_{w2} = \mathbf{Y}_m^{-1}\mathbf{Z}_m \qquad (2.103)$$

$$\mathbf{Z}_w = \sqrt{\text{diag}(\mathbf{Z}_{w2})} \qquad (2.104)$$

Anders als etwa bei den symmetrischen Komponenten ist es nicht möglich, den sich durch die Modaltransformation ergebenden Komponenten physikalische Eigenschaften zuzuordnen. In den einzelnen modalen Kanälen können nun jedoch jeweils die modalen Leitungsgleichungen (siehe Kapitel 2.5) aufgestellt werden. Nach der Rücktransformation in natürliche Koordinaten erreicht man so ein homogenes Leitungsmodell auch für beliebig unsymmetrische Mehrphasen-Leitungen (Kapitel 2.5.2).

2.5 Berechnung homogener Leitungen

Für einphasige Leitungen erlaubt die Theorie der Leitungsgleichungen die mathematische Beschreibung als homogene Leitung. Das bedeutet, dass die wahre Leitungsnatur mit verteilten Leitungsbelägen der Widerstände, Induktivitäten, Kapazitäten und Konduktanzen erfasst wird. Dem gegenüber stehen vereinfachte Leitungsmodelle, bei denen die Leitungsparameter als konzentrierte Bauelemente beispielsweise in einem oder mehreren π-Ersatzschaltbildern angenähert wird[7].

Wie in Kapitel 2.4 gezeigt wurde, kann jede beliebige Leitung durch eine geeignete Modaltransformation in einphasige Komponentennetzwerke zerlegt werden, was die Anwendung der in diesem Kapitel vorgestellten Leitungstheorie erlaubt. Die Zusammenführung beider Konzepte erfolgt im Abschnitt 2.5.2.

---

[7]Die π-Ersatzschaltung geht aus dem in diesem Kapitel diskutierten verteilten Leitungsmodell durch vorzeitigen Abbruch der Reihenentwicklungen der Elemente von Matrix (2.117) hervor.

2.5.1 Einphasiges verteiltes Leitungsmodell

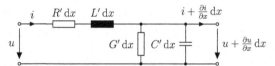

Abbildung 2.12: Differentielles Längenelement einer homogenen Einphasenleitung

Wir betrachten das differentielle Längenelement einer homogenen Leitung in Abbildung 2.12. Aus Spannungsumlauf und Knotenregel in diesem Netzwerk können die sogenannten Leitungs- oder Telegraphengleichungen im Zeitbereich in Form der Spannungsleitungsgleichung und der Stromleitungsgleichung gewonnen werden:

$$\frac{\partial^2 u}{\partial x^2} = R'G'u + (R'C' + L'G')\frac{\partial u}{\partial t} + L'C'\frac{\partial^2 u}{\partial t^2} \tag{2.105}$$

$$\frac{\partial^2 i}{\partial x^2} = R'G'i + (R'C' + L'G')\frac{\partial i}{\partial t} + L'C'\frac{\partial^2 i}{\partial t^2} \tag{2.106}$$

Die allgemeine Lösung dieser Gleichungen ist in Form von vor- und rücklaufenden Strom- und Spannungswellen gegeben, die sich entlang der Leitung ausbreiten. Diese Wellen haben eine bestimmte Geschwindigkeit v und Laufzeit T_l, die sie von einem Ende der Leitung zum anderen benötigen. Für verzerrungsfreie Leitungen (frequenzunabhängige Parameter L', R', C', G', gleiche Dämpfung im Längs- und Querzweig) gilt:

$$v = \frac{1}{\sqrt{L'C'}} \approx \frac{c}{\sqrt{\varepsilon_r}} \tag{2.107}$$

$$T_l = \frac{l}{v} = l\sqrt{L'C'} \approx \frac{l}{c}\sqrt{\varepsilon_r} \tag{2.108}$$

Das unter gleichen Voraussetzungen ebenfalls frequenzunabhängige Verhältnis zwischen Spannungs- zu Stromwelle ist der sogenannte Wellenwiderstand Z_w:

$$Z_\mathrm{w} = \sqrt{\frac{L'}{C'}} \tag{2.109}$$

Lösung der Leitungsgleichungen im Frequenzbereich

Zu einer Betrachtung im Frequenzbereich führt der folgende Ansatz für die Zeitfunktionen von Spannung und Strom am Ort x:

$$u_x = \hat{U}_x e^{pt} \tag{2.110}$$

$$i_x = \hat{I}_x e^{pt} \tag{2.111}$$

Die Spannungs- und Stromleitungsgleichungen (2.105) und (2.106) stellen sich damit wie folgt dar.

$$\frac{\partial^2 \hat{U}_x}{\partial x^2} = Z'(p)Y'(p)\,\hat{U}_x = \gamma^2(p)\hat{U}_x \tag{2.112}$$

$$\frac{\partial^2 \hat{I}_x}{\partial x^2} = Y'(p)Z'(p)\,\hat{I}_x = \gamma^2(p)\hat{I}_x \tag{2.113}$$

Hierin ist $Z' = R' + pL'$ die Leitungsimpedanz und $Y' = G' + pC'$ die Leitungsadmittanz. γ wird Übertragungskonstante/-maß oder auch Fortpflanzungskonstante genannt. Die Lösung der Differenzialgleichung für die Spannung (2.112) folgt aus einem Exponentialansatz:

$$\hat{U}_x = \hat{U}_1 e^{-\gamma x} + \hat{U}_2 e^{\gamma x} \tag{2.114}$$

Die beiden Exponentialterme aus denen sich die Spannung zusammensetzt entsprechen vor- und rücklaufender Welle. Der Zusammenhang zwischen Spannung und Strom wird diesmal durch die sogenannte Wellen*impedanz* der Leitung hergestellt, welche sich wie folgt berechnet:

$$Z_{\mathrm{w}}(p) = \frac{Z'(p)}{\gamma(p)} = \sqrt{\frac{Z'(p)}{Y'(p)}} \tag{2.115}$$

Die beiden Anfangswerte $\hat{U}_1$ und $\hat{U}_2$ lassen sich aus den Bedingungen (Spannung und Strom) am Anfang der Leitung bestimmen. Mit Hilfe der gefundenen Lösung ergibt sich Formel (2.116) für die Berechnung von Strom und Spannung an einem beliebigen Ort x der Leitung in Abhängigkeit der Größen am Leitungsanfang (Index A).

$$\begin{pmatrix} \hat{U}_x \\ \hat{I}_x \end{pmatrix} = \begin{pmatrix} \cosh \gamma x & -Z_{\mathrm{w}} \sinh \gamma x \\ -\frac{1}{Z_{\mathrm{w}}} \sinh \gamma x & \cosh \gamma x \end{pmatrix} \begin{pmatrix} \hat{U}_{\mathrm{A}} \\ \hat{I}_{\mathrm{A}} \end{pmatrix} \tag{2.116}$$

Gebräuchlicher ist die Angabe dieses Zusammenhangs in Form einer Zweitor-Matrixgleichung in Kettendarstellung, bei der auf der linken Seite die Größen vom Anfang des Zweitors stehen, und rechts die vom Ende (vgl. Abbildung 2.13).

$$\begin{pmatrix} \hat{U}_A \\ \hat{I}_A \end{pmatrix} = \begin{pmatrix} \cosh \gamma x & Z_w \sinh \gamma x \\ \frac{1}{Z_w} \sinh \gamma x & \cosh \gamma x \end{pmatrix} \begin{pmatrix} \hat{U}_x \\ \hat{I}_x \end{pmatrix} \tag{2.117}$$

Abbildung 2.13: Homogene einphasige Leitung als Zweitor

Leitungsgleichungen bei monofrequentem Wechselstrom

Wird die bisher allgemein gehaltene Frequenzvariable p zu $p = j\omega$ festgelegt, beschreiben die Zeitfunktionen (2.110) Sinusgrößen konstanter Frequenz. Z' und Y' sind dann die aus der Wechselstromrechnung bekannten komplexen Impedanzen $\underline{Z}'$ und Admittanzen $\underline{Y}'$. Die Übertragungskonstante wird

$$\underline{\gamma} = \sqrt{\underline{Z}'\underline{Y}'} = \sqrt{(R' + j\omega L')(G' + j\omega C')} = \alpha + j\beta \tag{2.118}$$

mit der Dämpfungskonstante α und der Phasenkonstante β. Für die Wellenimpedanz ergibt sich

$$\underline{Z}_w = \sqrt{\frac{\underline{Z}'}{\underline{Y}'}} = \sqrt{\frac{R' + j\omega L'}{G' + j\omega C'}} \tag{2.119}$$

In der elektrischen Energietechnik gilt bei der Betriebsfrequenz von 50 Hz gewöhnlich $R' < \omega L'$ und $G' < \omega C'$, weshalb R' und G' häufig vernachlässigt werden. Für diesen Fall ist der Wellenwiderstand rein reell $Z_w = \sqrt{\frac{L'}{C'}}$ und die Leitungskonstante rein imaginär $\gamma = j\beta = j\omega\sqrt{L'C'}$.

Die Kettendarstellung einer Einphasenleitung lautet damit ausgehend von Gleichung (2.117):

$$\begin{pmatrix} \underline{U}_A \\ \underline{I}_A \end{pmatrix} = \underbrace{\begin{pmatrix} \cosh \underline{\gamma}x & \underline{Z}_w \sinh \underline{\gamma}x \\ \frac{1}{\underline{Z}_w} \sinh \underline{\gamma}x & \cosh \underline{\gamma}x \end{pmatrix}}_{\text{Kettenmatrix } \mathbf{A}} \begin{pmatrix} \underline{U}_x \\ \underline{I}_x \end{pmatrix} \tag{2.120}$$

Der Ort x kann im speziellen Fall auch das Leitungsende E darstellen. Ein Umstellen der Matrixgleichung in andere Zweitorformen wie die Impedanz-, Admittanz- oder eine Hybridform ist auch jederzeit möglich. Grundsätzlich können bei Vorgabe von zwei der vier Größen an den Leitungsenden die beiden anderen bestimmt werden. Ziel des nächsten Abschnittes ist es, die Theorie der homogenen Leitung auf Mehrphasensysteme anzuwenden.

2.5.2 Verteiltes Leitungsmodell von Mehrphasensystemen

Da die Leitungsgleichungen und ihre Lösung zunächst nur für einphasige Netzwerke gegeben sind, ist eine direkte Anwendung auf Mehrphasensysteme nicht möglich. Wie in Kapitel 2.4, Leitungsentkopplung durch Modaltransformationen, gezeigt wurde, kann jedoch jedes Mehrphasensystem mit der passenden Modaltransformation in unabhängige Einphasennetzwerke aufgespalten werden.

Im Spezialfall symmetrischer Leitungen etwa kann nach der Transformation in Symmetrische Komponenten für jedes einphasige Komponenten-Netzwerk (Mit-, Gegen- und Nullsystem) die Kettenmatrix $\mathbf{A}$ nach Gleichung (2.120) aufgestellt werden. Ist zusätzlich auch der Betriebsfall symmetrisch, sind die Komponentennetzwerke nicht miteinander verbunden und das Mitsystem genügt zur Berechnung aus. Auf eine explizite Rücktransformation kann dann verzichtet werden, da das Mitsystem der Strangersatzschaltung des Bezugsleiters in natürlichen Koordinaten entspricht (Symmetrische Komponenten sind „bezugsleiterinvariant"). Ist der Betriebsfall unsymmetrisch, ergibt sich eine Verschaltung der Komponentennetzwerke an der Unsymmetriestelle. Trotzdem können die einzelnen Netzwerke durch ihre Kettenmatrizen beschrieben und das Problem im Modalraum als homogene Leitung gelöst werden. Um die wahren Leitergrößen zu erhalten, ist in diesem Fall anschließend eine Rücktransformation nötig.

Im Fall einer unsymmetrischen Leitung kommt gemäß Abschnitt 2.4.2 auf Seite 31 eine angepasste Modaltransformation zum Einsatz. Auch hier kann für jeden modalen Kanal aus der modalen Übertragungskonstante und dem modalen Wellenwiderstand die Zweitor-Leitungsmatrix $\mathbf{A}$ gemäß Gleichung (2.120) aufgestellt werden. Man wird die eigentliche Leitungsberechnung in diesem Fall allerdings nicht im Modalraum durchführen, da den einzelnen modalen Komponenten nicht vergleichbare Systemeigenschaften wie bei den Symmetrischen Komponenten zugeordnet sind. Anstatt also die Randbedingungen in Modalgrößen zu überführen, wird zunächst durch Rücktransformation ein Leitungsmodell in natürlichen Koordinaten abgeleitet und das Problem anschließend direkt mit den durch Randbedingungen gegebenen Phasengrößen gelöst. Anhand einer dreiphasig unsymmetrischen Leitung soll gezeigt werden, wie von der Kettendarstellung der Leitung in Modalkomponenten zu einem dreipoligen Leitungsmodell in natürlichen Koordinaten gelangt wird. Die Kettendarstellungen der drei modalen Kanäle seien:

$$\begin{pmatrix} U_{A,m1} \\ I_{A,m1} \end{pmatrix} = \begin{pmatrix} A_{11,m1} & A_{12,m1} \\ A_{21,m1} & A_{22,m1} \end{pmatrix} \begin{pmatrix} U_{E,m1} \\ I_{E,m1} \end{pmatrix} \tag{2.121}$$

$$\begin{pmatrix} U_{A,m2} \\ I_{A,m2} \end{pmatrix} = \begin{pmatrix} A_{11,m2} & A_{12,m2} \\ A_{21,m2} & A_{22,m2} \end{pmatrix} \begin{pmatrix} U_{E,m2} \\ I_{E,m2} \end{pmatrix} \tag{2.122}$$

$$\begin{pmatrix} U_{A,3} \\ I_{A,m3} \end{pmatrix} = \begin{pmatrix} A_{11,m3} & A_{12,m3} \\ A_{21,m3} & A_{22,m3} \end{pmatrix} \begin{pmatrix} U_{E,m3} \\ I_{E,m3} \end{pmatrix} \tag{2.123}$$

Diese werden nun in einer großen Matrix zusammengefasst (nicht eingezeichnete Werte sind null).

$$\begin{pmatrix} U_{A,m1} \\ U_{A,m2} \\ U_{A,m3} \\ I_{A,m1} \\ I_{A,m2} \\ I_{A,m3} \end{pmatrix} = \begin{pmatrix} A_{11,m1} & & & A_{12,m1} & & \\ & A_{11,m2} & & & A_{12,m2} & \\ & & A_{11,m3} & & & A_{12,m3} \\ A_{21,m1} & & & A_{22,m1} & & \\ & A_{21,m2} & & & A_{22,m2} & \\ & & A_{21,m3} & & & A_{22,m3} \end{pmatrix} \begin{pmatrix} U_{E,m1} \\ U_{E,m2} \\ U_{E,m3} \\ I_{E,m1} \\ I_{E,m2} \\ I_{E,m3} \end{pmatrix} \tag{2.124}$$

$$\Leftrightarrow \begin{pmatrix} \mathbf{U}_{A,m} \\ \mathbf{I}_{A,m} \end{pmatrix} = \begin{pmatrix} \mathbf{A}_{11,m} & \mathbf{A}_{12,m} \\ \mathbf{A}_{21,m} & \mathbf{A}_{22,m} \end{pmatrix} \begin{pmatrix} \mathbf{U}_{E,m} \\ \mathbf{I}_{E,m} \end{pmatrix}$$

Für die Rücktransformation müssen nun wie in Abschnitt 2.4.2 auf Seite 31 erläutert für Spannung und Strom jeweils die passenden Transformationsmatrizen verwendet werden.

Es gilt ausgehend von Gleichung (2.124):

$$\Leftrightarrow \begin{pmatrix} \mathbf{V}_u^{-1} & 0 \\ 0 & \mathbf{V}_i^{-1} \end{pmatrix} \begin{pmatrix} \mathbf{U}_A \\ \mathbf{I}_A \end{pmatrix} = \begin{pmatrix} \mathbf{A}_{11,m} & \mathbf{A}_{12,m} \\ \mathbf{A}_{21,m} & \mathbf{A}_{22,m} \end{pmatrix} \begin{pmatrix} \mathbf{V}_u^{-1} & 0 \\ 0 & \mathbf{V}_i^{-1} \end{pmatrix} \begin{pmatrix} \mathbf{U}_E \\ \mathbf{I}_E \end{pmatrix}$$

$$\Leftrightarrow \begin{pmatrix} \mathbf{U}_A \\ \mathbf{I}_A \end{pmatrix} = \begin{pmatrix} \mathbf{V}_u & 0 \\ 0 & \mathbf{V}_i \end{pmatrix} \begin{pmatrix} \mathbf{A}_{11,m} & \mathbf{A}_{12,m} \\ \mathbf{A}_{21,m} & \mathbf{A}_{22,m} \end{pmatrix} \begin{pmatrix} \mathbf{V}_u^{-1} & 0 \\ 0 & \mathbf{V}_i^{-1} \end{pmatrix} \begin{pmatrix} \mathbf{U}_E \\ \mathbf{I}_E \end{pmatrix}$$

$$\Leftrightarrow \begin{pmatrix} \mathbf{U}_A \\ \mathbf{I}_A \end{pmatrix} = \underbrace{\begin{pmatrix} \mathbf{V}_u\mathbf{A}_{11,m}\mathbf{V}_u^{-1} & \mathbf{V}_u\mathbf{A}_{12,m}\mathbf{V}_i^{-1} \\ \mathbf{V}_i\mathbf{A}_{21,m}\mathbf{V}_u^{-1} & \mathbf{V}_i\mathbf{A}_{22,m}\mathbf{V}_i^{-1} \end{pmatrix}}_{\mathbf{A}} \begin{pmatrix} \mathbf{U}_E \\ \mathbf{I}_E \end{pmatrix} \qquad (2.125)$$

Das Ergebnis $\mathbf{A}$ ist die Kettenmatrix der Leitung in natürlichen Koordinaten, welche die Phasengrößen eines dreipoligen Leitungsmodells nach Abbildung 2.14 miteinander verknüpft.

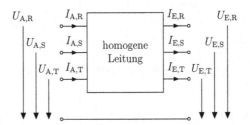

Abbildung 2.14: Dreipoliges Leitungsmodell einer homogenen, unsymmetrischen Leitung

Die gleiche Vorgehensweise kann auch für mehrere Systeme auf dem gleichen Mast angewendet werden. Es ändert sich dabei lediglich die Größe der beteiligten Matrizen.

2.6 Aufbau einer Hybridleitung als modales Leitungsmodell

In diesem Kapitel wird erläutert, wie auf Grundlage des bisher Beschriebenen ein verteiltes Leitungsmodell hybrider Leitungskonfigurationen aufgebaut und analysiert werden kann. Dabei wird bei den einzelnen Aspekten auch jeweils kurz darauf hingewiesen, wie der beschriebene Vorgang im implementierten MATLAB-Modell erreicht wird.

2.6.1 Leitungsmatrizen von Leitungselementen

Freileitungen

Für jeden Freileitungsabschnitt mit gleich bleibender Mastgeometrie und Systembelegung (je System entweder feste Zuordnung bestimmter Phasen zu Positionen am Mast oder Angabe einer idealen Verdrillung) wird eine Leitungsmatrix gemäß Abschnitt 2.5.2 aufgestellt. Im MATLAB-Modell geschieht dies durch Erzeugung eines FLmatrix-Objektes. Bei der Erstellung werden auf der Grundlage der Geometrie sämtliche Parametermatrizen, die Parameter der modalen Einzelleitungen sowie die Leitungsmatrix in natürlichen Koordinaten bestimmt und sind daraufhin als Objektparameter abrufbar. Als Beispiel soll die Matrix einer unsymmetrischen 110 kV-Einfachleitung von 100 km Länge ohne Verdrillung betrachtet werden. Die Erdseilreduktion wurde hier durchgeführt, bei einem Erdseil wäre die Matrixdimension sonst aufgrund des zusätzlichen Leiters 8 × 8):

$$
\mathbf{A} = \begin{pmatrix}
0{,}9932 + 0{,}0021i & -0{,}0011 + 0{,}0003i & -0{,}0010 + 0{,}0003i & 18{,}3847 + 60{,}328i & 6{,}6247 + 22{,}9510i & 7{,}082 + 22{,}6673i \\
-0{,}0011 + 0{,}0002i & 0{,}9933 + 0{,}0021i & -0{,}0010 + 0{,}0004i & 6{,}6247 + 22{,}9510i & 18{,}7324 + 59{,}156i & 6{,}8943 + 19{,}8817i \\
-0{,}0010 + 0{,}0003i & -0{,}0010 + 0{,}0004i & 0{,}9934 + 0{,}0022i & 6{,}7082 + 22{,}6673i & 6{,}8943 + 19{,}8817i & 18{,}9146 + 58{,}556i \\
-0{,}0000 + 0{,}0003i & 0{,}0000 - 0{,}0001i & 0{,}0000 - 0{,}0001i & 0{,}9932 + 0{,}0021i & -0{,}0011 + 0{,}0002i & -0{,}0010 + 0{,}0003i \\
0{,}0000 - 0{,}0001i & -0{,}0000 + 0{,}0003i & -0{,}0000 - 0{,}0000i & -0{,}0011 + 0{,}0003i & 0{,}9933 + 0{,}0021i & -0{,}0010 + 0{,}0004i \\
0{,}0000 - 0{,}0001i & -0{,}0000 - 0{,}0000i & -0{,}0000 + 0{,}0003i & -0{,}0010 + 0{,}0003i & -0{,}0010 + 0{,}0004i & 0{,}9934 + 0{,}0022i
\end{pmatrix}
$$

Die Zuordnung der Phasen an Anfang (A) und Ende (E) der Leitung zu den Matrixzeilen und -spalten ist gemäß Kettendarstellung wie folgt.

$$
\begin{pmatrix} U_R \\ U_S \\ U_T \\ I_R \\ I_S \\ I_T \end{pmatrix}_A = \left(\begin{array}{c|c} \mathbf{A}_{UU} & \mathbf{A}_{UI} \\ \hline \mathbf{A}_{IU} & \mathbf{A}_{II} \end{array} \right) \begin{pmatrix} U_R \\ U_S \\ U_T \\ I_R \\ I_S \\ I_T \end{pmatrix}_E
$$

Jede derartige Kettenmatrix besteht aus vier Untermatrizen, welche die Abhängigkeiten der Spannungen vorne von den Spannungen ($\mathbf{A}_{UU}$) bzw. Strömen ($\mathbf{A}_{UI}$) hinten und der Ströme vorne von den Spannungen ($\mathbf{A}_{IU}$) und Strömen ($\mathbf{A}_{II}$) hinten beschreiben. Hinsichtlich der Untermatrizen bestehen folgende Symmetrie-Eigenschaften: $\mathbf{A}_{UI}$ und $\mathbf{A}_{IU}$ sind stets symmetrisch, im Fall einer symmetrischen Leitung sogar diagonal-zyklisch symmetrisch (alle Nebendiagonalelemente identisch). $\mathbf{A}_{UU}$ und $\mathbf{A}_{II}$ sind bei symmetrischer Leitung ebenfalls diagonal-zyklisch symmetrisch und außerdem gleich. Im allgemeinen Fall sind sie nicht symmetrisch, jedoch gilt immer $\mathbf{A}_{UU} = \mathbf{A}_{II}^{\mathrm{T}}$.

Auf der Hauptdiagonalen von $\mathbf{A}$, welche zu gleichen Phasengrößen an Anfang und Ende

der Leitung gehört, findet man stets Werte nahe an eins. Diese Eigenschaft entspricht der
Aufgabe einer Leitung, elektrische Größen von einem Ende zum anderen durchzuleiten.
Die Hauptdiagonale der Nebenmatrix $\mathbf{A}_{UI}$ wird von den Längs-Selbstimpedanzen der
Leitung bestimmt, die Nebendiagonalen dieser Matrix von den Längs-Gegenimpedanzen.
Ihre Werte hängen ebenso wie die der Untermatrix $\mathbf{A}_{IU}$ linear von der Leitungslänge ab.
Die Nebenelemente von $\mathbf{A}_{UU}$ und $\mathbf{A}_{II}$ zeigen im Vergleich sehr geringe Werte. Nochmals
um mehrere Zehnerpotenzen geringer sind die Werte im Bereich $\mathbf{A}_{IU}$, dessen Einträge als
Queradmittanzen aufzufassen sind.

Die Leitungsmatrizen von Freileitungsabschnitten mit mehreren Systemen verknüpfen
eine entsprechend größere Anzahl an Leitergrößen. Bei einem Leitungsabschnitt mit einem
Mast mit vier Dreiphasensystemen hat die um die Erdseile reduzierte Leitungsmatrix
beispielsweise eine Größe von 24×24. Vor allem in den für die Impedanzen und Admittanzen stehenden Untermatrizen $\mathbf{A}_{UI}$ und $\mathbf{A}_{IU}$ zeigt sich dann deutlich der Zusammenhang
zwischen gegenseitiger Lage der Phasen und entsprechenden Matrixeinträgen: je näher
die Leiter, desto höher die induktiven und kapazitiven Kopplungen und die jeweiligen
Werte in der Matrix.

Quelleninnenimpedanzen und konzentrierte Längsimpedanzen

Die Innenimpedanz von Netzquellen wird im Modell als einfache Längsimpedanz Z in
jeder beteiligten Phase modelliert. Die Leitungsmatrix einer Quelle hat deshalb folgende
Gestalt (nicht eingezeichnete Werte sind null):

$$
\begin{pmatrix} U_{\mathrm{R}} \\ U_{\mathrm{S}} \\ U_{\mathrm{T}} \\ I_{\mathrm{R}} \\ I_{\mathrm{S}} \\ I_{\mathrm{T}} \end{pmatrix}_{\mathrm{A}}
=
\left(\begin{array}{ccc|ccc}
1 & & & Z & & \\
 & 1 & & & Z & \\
 & & 1 & & & Z \\
\hline
 & & & 1 & & \\
 & & & & 1 & \\
 & & & & & 1
\end{array} \right)
\begin{pmatrix} U_{\mathrm{R}} \\ U_{\mathrm{S}} \\ U_{\mathrm{T}} \\ I_{\mathrm{R}} \\ I_{\mathrm{S}} \\ I_{\mathrm{T}} \end{pmatrix}_{\mathrm{E}}
\tag{2.126}
$$

In MATLAB wird für eine solche Quellenimpedanzmatrix für ein System ein `Qmatrix`-
Objekt angelegt. Nach dem gleichen Prinzip werden konzentrierte Längsimpedanzen in
beliebigen Phasen dargestellt, welche beispielsweise einen Transformator, eine Glättungsdrossel oder Ähnliches darstellen können. Im MATLAB-Modell steht dafür vor allem der
Übersichtlichkeit halber eine eigene Klasse, `Zmatrix`, zur Verfügung.

2.6.2 Verknüpfung mehrerer Leitungselemente zur Gesamtleitung

Da Hochspannungs-Gleichstrom-Übertragungsleitungen normalerweise für den Leistungs-transport über lange Strecken zum Einsatz kommen, setzt sich eine solche Leitung aus vielen Abschnitte über einige hundert Kilometer zusammen. Bei der Betrachtung von Hybridleitungen ist deshalb davon auszugehen, dass nur das HGÜ-System über die volle Länge und ohne Unterbrechung mitgeführt werden wird, während andere (AC-)Systeme am gleichen Mast nur entlang von Teilstrecken parallel verlaufen. Auch kommen je nach Gegebenheiten beim Umbau vorhandener Leitungen unterschiedliche Masttypen zum Einsatz. Im Höchstspannungsnetz in Deutschland ist dabei vor allem mit drei Mast-typen zu rechnen, die in Abbildung 2.15 zu sehen sind. Beim D-Typ Mast läuft nur ein 400 kV AC-System parallel, während der DD-Mast insgesamt drei zusätzliche AC-Höchstspannungssysteme aufnehmen kann. Schließlich beim AD-Typ werden unterhalb von zwei Höchstspannungs-Stromkreisen zusätzlich zwei 110 kV Systeme in horizontaler Anordnung mitgeführt.

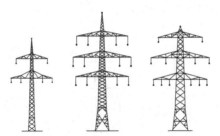

Abbildung 2.15: Drei möglicherweise bei Hybridleitungen zum Einsatz kommende Masttypen; links: D-Mast, mitte: DD-Mast, rechts: AD-Mast

Weiterhin werden in der Realität Verdrillungsabschnitte vorhanden sein. Allgemein wird im Modell jeder Leitungsabschnitt mit gleichbleibendem Masttyp und gleichbleibender Phasenbelegung durch eine Leitungsmatrix **A** nach Kapitel 2.5.2 beschrieben. Hinzu kommen Matrizen für Quelleninnenimpedanzen an den Enden von Systemen und ggf. für örtlich konzentrierte Impedanzen für Transformatoren oder Glättungsdrosseln. Um das Modell der Gesamtleitung zu erhalten, müssen diese Abschnitte miteinander verbunden werden. Da alle Einzelmodelle als Kettenmatrix vorliegen, kann dies prinzipiell einfach durch Multiplikation der Leitungsmatrizen aufeinander folgender Abschnitte geschehen. Allerdings muss darauf geachtet werden, dass jeder Zeile einer Matrix eine bestimmte Phase am Leitungsanfang und jeder Spalte eine bestimmte Phase am Leitungsende zugeordnet ist. Zum einen muss deshalb die Sortierung vor der Multiplikation zweier Matrizen zusammenpassen. Zum anderen können sich an Abschnittsgrenzen die Matrixgrößen und/oder die beteiligten Phasen unterscheiden, wenn etwa der Masttyp wechselt oder einzelne AC-Stromkreise enden oder beginnen. Aus diesem Grund werden zuerst die Leitungsmatrizen aller Abschnitte soweit vergrößert, dass sie alle an der gesamten Leitung beteiligten Größen aufnehmen können. Damit ein Abschnitt, an dem ein Leiter physikalisch nicht beteiligt ist, im Modell auf diesen keinen Einfluss ausübt, müssen die zu diesem Leiter gehörigen Größen ohne Änderung durchgereicht werden. Dies wird durch eine entsprechende Einheitsmatrix bezüglich der durchzureichenden Größen realisiert.

Dieses Prinzip ist in Abbildung 2.16 für eine Hybridleitung aus drei Abschnitten veranschaulicht. Der Großbuchstabe A soll das HGÜ-System bezeichnen, das über alle drei Abschnitte als A_1, A_2 und A_3 auf der rechten Mastseite verläuft. Die Systeme B und C laufen im mittleren und letzten Abschnitt parallel. Zur leichteren Veranschaulichung sind die Matrizen im Beispiel nach Systemen sortiert und nicht wie sonst bei Kettenmatrizen üblich, nach Spannungen und Strömen.

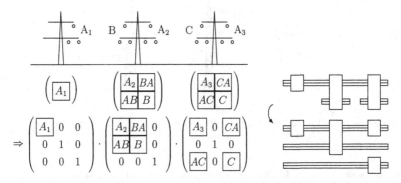

Abbildung 2.16: Prinzip der Matrixverkettung am Beispiel dreier Leitungsabschnitte (Matrizen nach Systemen sortiert, Einsen stehen für Einheitsmatrizen)

Der Schritt der Verkettung einzelner Leitungsmatrizen zu einer Gesamtleitung wird im MATLAB-Modell durch Erstellen eines Ltgmatrix-Objektes auf der Grundlage mehrerer von Netzmatrix-abgeleiteter Objekte durchgeführt. Wie in Abbildung 2.16 rechts angedeutet, führt die beschriebene Verkettung dazu, dass im Modell sozusagen alle Leiter (streckenweise unbeeinflusst) über die gesamte Länge laufen, auch wenn dies physikalisch nicht der Fall ist. Es liegen dann teilweise Daten für Orte vor, an denen bestimmte Leiter real gar nicht vorhanden sind. Dies muss ggf. bei der Auswertung berücksichtigt werden.

2.6.3 Randbedingungen

Im einfachsten Fall einer Leitungsberechnung sind die Hälfte der Größen an den Enden der durch das Modell beschriebenen Leitung bekannt. So können beispielsweise die Spannungen durch Quellen vorgegeben sein, Leiter geerdet (Phasenspannung gleich null) oder leerlaufend (Strom gleich null) vorliegen. Um die Lösung zu bestimmen kann in diesem Fall das Gleichungssystem direkt nach den Unbekannten aufgelöst werden.

Das System kann jedoch auch dann vollständig bestimmt sein, wenn weniger als die Hälfte der Größen bekannt sind. In diesem Fall müssen weitere Randbedingungen durch Verschaltung bzw. Kurzschluss einzelner Leiter gegeben sein. Solche Bedingungen liefern zusätzliche Gleichungen. Es gilt, dass bei n an einer Verschaltung beteiligten Phasen stets $n - 1$ Spannungsbedingungen und eine Strombedingung, insgesamt also n Bedingungen enthalten sind. Ein Beispiel ist ein dreipoliger Kurzschluss eines Systems, der drei zusätzliche Gleichungen beinhaltet[8].

$$U_R = U_S$$
$$U_R = U_T$$
$$I_R + I_S + I_T = 0$$

Im MATLAB-Modell werden die Randbedingungen für die Berechnungen in Objekten der Klasse Randbed festgehalten. Darin werden einerseits die bekannten Größen gespeichert und andererseits die Phasen, die gemeinsam an einer Verschaltung beteiligt sind.

2.6.4 Fehlermatrix

Einpolige Fehler sind die häufigste Fehlerart bei Freileitungen. Um einen einpoligen Fehler in das Modell einbauen zu können, muss die durch ihn zustande kommende Verschaltung ebenfalls in einer Leitungsmatrix erfasst werden. Abbildung 2.17 auf der nächsten Seite zeigt das Schaltbild eines Fehlers in Phase R mit einem Fehlerwiderstand R_F.

Die dazugehörige Matrix zeigt Gleichung (2.127). Nicht eingezeichnete Elemente sind null. Es ist zu erkennen, dass für verschwindend kleine Fehlerwiderstände ein Matrixelement

---

[8]Bem.: bei Fehlern mit Erdberührung wird keine Verschaltung spezifiziert, sondern für alle Phasen wird die Spannung gleich null als bekannte Größe behandelt.

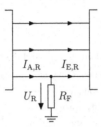

Abbildung 2.17: Verschaltung eines einpoligen Fehlers in Phase R

unendlich groß wird. In diesem Fall treten numerische Probleme bei der Berechnung auf, weshalb R_F nicht kleiner als $0,001\,\Omega$ gewählt werden sollte[9].

$$
\begin{pmatrix} U_R \\ U_S \\ U_T \\ I_R \\ I_S \\ I_T \end{pmatrix}_A =
\left(\begin{array}{ccc|ccc} 1 & & & & & \\ & 1 & & & & \\ & & 1 & & & \\ \hline 1/R_F & & & 1 & & \\ & & & & 1 & \\ & & & & & 1 \end{array} \right)
\begin{pmatrix} U_R \\ U_S \\ U_T \\ I_R \\ I_S \\ I_T \end{pmatrix}_E
\tag{2.127}
$$

Diese Fehlermatrix wird wie andere Leitungselemente am Fehlerort in das Modell eingefügt (siehe Abschnitt 2.6.2). Tritt der Fehler auf einer Freileitung auf, muss deren Modell in zwei Teile aufgeteilt werden. Nach dem Einfügen werden die Größen an den Leitungsenden wie in Abschnitt 2.6.3 beschrieben mit den Randbedingungen der Gesamtleitung berechnet. Der Fehlerstrom und andere Größen an der Fehlerstelle werden anschließend anhand des Modells der Leitung von einem Ende bis zur Fehlerstelle und den inzwischen bekannten Größen an diesem Ende in einem weiteren Berechnungsschritt berechnet.

In MATLAB stehen für die beschriebenen Schritte verschiedene Funktionen und Methoden zur Verfügung: die Klasse `F1pmatrix` stellt das Modell eines einpoligen Fehlers zur Verfügung. Das Einfügen in eine bestehende `Ltgsmatrix` kann die Fehlermatrix mittels deren Methode `insertMatrix` geschehen und die Größen am Fehlerort mit der Methode `Fehlerstrom` berechnet werden. Alternativ wird direkt `Fehlerstrom` dazu verwendet, den Fehlerstrom an beliebigen Orten entlang einer bestehenden Leitung zu berechnen. Die notwendigen Schritte werden in diesem Fall intern durchgeführt.

---

[9]Wenn sich bei der Berechnung über die Funktion `Fehlerstrom` mit dem MATLABModell aufgrund zu gering gewählten Fehlerwiderstandes Probleme ergeben, gibt diese einen Hinweis mit der Höhe der Abweichung als Warnung aus.

2.7 Sekundärer Lichtbogen

Circa 70 % aller Fehler in Höchstspannungs-Freileitungsnetzen sind einpolige Erdkurzschlüsse. Weil es sich dabei meist um einen Lichtbogenüberschlag in Luft handelt, kann eine sogenannte einpolige Kurzunterbrechung (KU) vorgenommen werden, um diese Fehler zu klären. Dabei wird der fehlerhafte Leiter selektiv freigeschaltet mit dem Ziel, dass der Lichtbogen durch den Entzug der Energiezufuhr von alleine erlischt. Hat sich die Lichtbogenstrecke zum Zeitpunkt der nach 0,5 – 1,5 s erfolgenden automatischen Wiedereinschaltung (AWU) ausreichend verfestigt, kann der Betrieb der Leitung fortgesetzt werden. Dies wirkt sich aufgrund der kurzen Unterbrechungsdauer und der Tatsache, dass bei Drehstrom während der Kurzunterbrechung über die verbleibenden Leiter noch ein großer Teil der Leistung übertragen werden kann, günstig auf die dynamische Stabilität und die generelle Zuverlässigkeit aus. [8][9]

Die elektromagnetischen Kopplungen zwischen den Leitern führen jedoch während der Zeit der Kurzunterbrechung zur Ausbildung eines sogenannten „sekundären Lichtbogens". Dieser fließt durch den noch vom Fehler ionisierten Kanal und wird durch die von den weiterhin betriebenen Leitern übertragenen Größen gespeist. Seine Brenndauer bestimmt die notwendige Wartezeit für die Wiedereinschaltung und ist deshalb von großem Interesse. Erlischt der sekundäre Lichtbogen nicht nach einer angemessen kurzen Zeit, kann keine einpolige Kurzunterbrechung angewandt werden[10]. Die Brenndauer des sekundären Lichtbogens hängt maßgeblich von dessen Stromhöhe I_B und der sogenannten wiederkehrenden Spannung U_w bezogen auf die Lichtbogenlänge ab. U_w ist die Phasenspannung an der Fehlerstelle nach Erlöschen des Lichtbogens. Aufgrund der verstärkten Kopplungen sind besonders Leitungen mit hoher Betriebsspannung und großer Leitungslänge betroffen.

2.7.1 Sekundärer Lichtbogen im Drehstromsystem

Für eine leicht nachvollziehbare Analyse des sekundären Lichtbogens bei einer einfachen Drehstromleitung wird das Schaltbild in Abbildung 2.18 auf der nächsten Seite herangezogen. Es zeigt vereinfacht die Kopplungen der beiden gesunden Leiter eines symmetrischen Systems auf den Fehlerleiter. Der Fehler befinde sich an der Stelle x bei einer Gesamtleitungslänge l.

---

[10]Es gibt allerdings verschiedene Möglichkeiten, den sekundären Lichtbogenstrom zu begrenzen, womit die einpolige KU auch bei längeren Leitungen angewendet werden kann. [8][9]

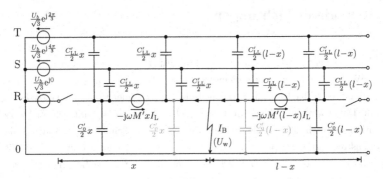

Abbildung 2.18: Schaltbild zum sekundären Lichtbogen auf einer symmetrischen
AC-Einfachleitung [9]

Anhand des Schaltbilds lassen sich die beiden unterschiedlichen Beiträge zum sekundären
Kurzschlussstrom I_B bzw. zur wiederkehrenden Spannung U_w einzeln betrachten: einerseits
der influenzierte Anteil (Index inf), hervorgerufen durch die Phasenspannungen der Leiter S
und T über die kapazitiven Verbindungen, und andererseits der induzierte Anteil (Index
ind) aufgrund magnetischer Kopplungen, dargestellt durch die beiden Spannungsquellen
im freigeschalteten Fehlerleiter R. Der Wert dieser Quellen resultiert aus der induktiven
Kopplung und dem Strom I_L in den Leitern S und T bei Annahme von $\cos\varphi = 1$.

Im Moment des Anliegens eines impedanzlos angenommenen Fehlers sind die grau
eingezeichneten Kapazitätsanteile von diesem kurzgeschlossen. Es lassen sich für die
kapazitiv influenzierten und induktiv übertragenen Fehlerstromanteile $\underline{I}_{B\,inf}$ und $\underline{I}_{B\,ind}$
aus der Schaltung die folgenden Ausdrücke ableiten:

$$\underline{I}_{B\,inf} = -j\frac{U_b}{\sqrt{3}}\omega C'_{LL} l \tag{2.128}$$

$$\underline{I}_{B\,ind} = I_L \omega M' \left(\frac{l}{2} - x\right) \omega \left(C'_0 + 2C'_{LL}\right) l \tag{2.129}$$

Ist der Lichtbogen erloschen und an der Fehlerstelle daher ein Leerlauf, berechnen sich
mit der vom Fehlerort aus gesehenen Eingangsadmittanz $\underline{Y}_e$ des Systems

$$\underline{Y}_e = j\omega(C'_0 + 2C'_{LL})l \tag{2.130}$$

die entsprechenden Anteile $\underline{U}_{\text{w inf}}$ und $\underline{U}_{\text{w ind}}$ der wiederkehrenden Spannung zu:

$$\underline{U}_{\text{w inf}} = \frac{1}{\underline{Y}_e} \underline{I}_{\text{B inf}} = -\frac{U_{\text{b}}}{\sqrt{3}} \frac{C'_g}{C'_0 + 2C'_g} \tag{2.131}$$

$$\underline{U}_{\text{w ind}} = \frac{1}{\underline{Y}_e} \underline{I}_{\text{B ind}} = -j\omega M' I_{\text{L}} \left(\frac{l}{2} - x \right) \tag{2.132}$$

Man erkennt, dass die Höhe der kapazitiv influenzierten Strom- bzw. Spannungskomponenten ($\underline{I}_{\text{B inf}}$, $\underline{U}_{\text{w inf}}$) unabhängig vom Fehlerort x sind, während die induktiven Komponenten ($\underline{I}_{\text{B ind}}$, $\underline{U}_{\text{w ind}}$) linear von den Leitungsenden her zu einem Minimum in der Mitte abnehmen. Diese Zusammenhänge sind an der Darstellung in Abbildung 2.19 nach Daten einer 765 kV Leitung aus der Literatur zu erkennen.

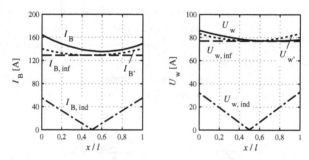

Abbildung 2.19: Typische Verläufe von sekundärem Lichtbogenstrom und wiederkehrender Spannung in Abhängigkeit des Fehlerortes bei der symmetrischen Drehstrom-Einfachleitung (Daten aus [9], $U_{\text{b}} = 765\,\text{kV}$, $l = 500\,\text{km}$)

In den Gleichungen (2.128) bis (2.132) lässt sich außerdem erkennen, dass im vereinfachten Modell die induktive und kapazitive Komponente um genau 90° zueinander phasenverschoben sind. Durch Zeigeraddition, wie sie in Abbildung 2.20 auf der nächsten Seite am Beispiel der Spannung $\underline{U}_{\text{w}} = \underline{U}_{\text{w inf}} + \underline{U}_{\text{w ind}}$ dargestellt ist, ergibt sich daraus ein gerundeter Verlauf des Betrags der Gesamtgröße. Er ist in Abbildung 2.19 jeweils gepunktet gezeichnet und weist theoretisch immer ein Minimum in der Leitungsmitte auf.

Bei der Berücksichtigung der in der Realität vorliegenden verteilten Leitungsparameter mit einem Modell nach Abschnitt 2.5 ändern sich aufgrund der zusätzlich vorhandenen Längsparameter die Phasenlagen aller Zeigergrößen entlang der Leitung. So drehen sich die Leiterspannungen der gesunden Phasen in Lastflussrichtung im Uhrzeigersinn, was sich auch auf die kapazitiv influenzierte Komponente auswirkt. Da sich die Leiterströme

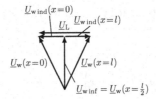

Abbildung 2.20: Prinzip der Zeigeraddition für I_B bzw. U_w am Beispiel der wiederkehrenden Spannung für die vereinfachte Betrachtung mit Winkelunterschied gleich 90°

hingegen über der Leitung kaum ändern, verschiebt sich auch die Phasenlage der Anteile zueinander. Wie die qualitative Darstellung in Abbildung 2.21 zeigt, sind die Winkel zwischen beiden Zeigern immer noch grob im Bereich von 90° (sozusagen im Mittel), was genau wie bei der vereinfachten Betrachtung das Auftreten eines Betragsminimums erklärt. Jedoch ändert sich die Winkelbeziehung derart, dass der Phasenunterschied am Leitungsanfang kleiner als am Ende ist. Im Resultat zeigen sich die Maximalwerte von I_B und U_w ab einer gewissen Leitungsauslastung stets am Leitungsanfang und das Minimum des Kurvenverlaufs verschiebt sich typischerweise in Richtung Leitungsende, wie auch die Kurvenverläufe mit durchgezogener Linie in Bild 2.19 zeigen.

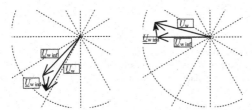

Abbildung 2.21: Zeigeraddition von influenziertem Anteil $U_{w\,inf}$ und induziertem Anteil $U_{w\,ind}$ zum Gesamtzeiger U_w bei homogener Leitung, links bei $x = 0$, rechts bei $x = l$

Da für die Ausbildung eines Minimums die induktiv übertragenen Spannungen verantwortlich sind, welche wiederum von den Strömen der gesunden Leiter abhängen, kann diese Kurvencharakteristik auch erst ab einem bestimmten Lastfluss beobachtet werden. Ihre Ausprägung hängt zusätzlich auch von der Leitungslänge ab. Die Gleichungen (2.128) bis (2.132) zeigen, dass vor allem der sekundäre Kurzschlussstrom stark mit der Leitungslänge ansteigt, da sein induktiver Anteil quadratisch, der kapazitive linear mit dieser anwächst. Die wiederkehrende Spannung hängt nur in ihrem induktiven Anteil linear von der Länge ab, während ihr influenzierter Anteil unabhängig von der Leitungslänge ist. Generell beträgt die Ausprägung des induktiv erzeugten Minimums bei moderaten

Lastflüssen im Vergleich zum kapazitiv übertragenen Anteil nur wenige Prozent und speziell die wiederkehrende Spannung fällt dann zwar ab, bildet aber nicht unbedingt ein Minimum. Erst bei hoher Auslastung und vor allem bei großen Leitungslängen treten deutliche Minima mit beträchtlichen Variationen der Betragsgrößen auf. [10]

2.7.2 Sekundärer Lichtbogen im HGÜ-System einer Hybridleitung

Die Frage nach dem sekundären Lichtbogenstrom stellt sich bei einem einpoligen Fehler im HGÜ-System einer Hybridleitung in besonderer Weise [11]. Obwohl die Freischaltung des fehlerhaften Leiters statt über Leistungsschalter über eine entsprechende Steuerung der Umrichter geschieht, ist man auch hier auf ein selbstständiges Erlöschen des Fehlerlichtbogens angewiesen. Die stationäre 50 Hz-Einkopplung geschieht in diesem Fall nicht durch die verbleibenden Leiter des gleichen Systems, sondern durch ggf. mehrere vollständige benachbarte AC-Systeme. Potentiell problematisch ist dabei zum einen die meist deutlich größere Leitungslänge des HGÜ-Systems im Vergleich zu AC-Leitungen. Zum anderen laufen möglicherweise verschiedene andere Stromkreise während unterschiedlicher Teilstrecken parallel.

Im Unterschied zum klassischen Fall der einpoligen KU auf einer Drehstromleitung, bei dem die verbleibenden zwei gesunden Leiter eine inhärent unsymmetrische Anordnung darstellen, kommen die Einkopplungen im Fall der Hybridleitung von vollständigen Dreiphasensystemen. Es besteht in diesem Fall die in Kapitel 2.2.5 beschriebene Möglichkeit, die AC-Systeme zu verdrillen, um Kopplungen zwischen den Systemen zu verringern. Für das Gleichspannungssystem selbst besteht nicht die Notwendigkeit zur Verdrillung, stattdessen ist die Anordnung der Pole bei den einzelnen Masttypen aus Erwägungen hinsichtlich Umwelteinflüssen durch elektromagnetische Felder, Geräuschentwicklung und Funkstörspannungen meist eindeutig festgelegt. In diesem Fall würde jede Verdrillung benachbarter Systeme zu einem identischen mittleren Abstand jedes AC-Leiters von jedem DC-Pol ergeben. Ideal betrachtet wären die Systeme auf diese Weise in Mit- und Gegensystem entkoppelt. Da jedoch eine ideale Verdrillung ohnehin nicht erreicht werden kann und aufgrund von Kostenerwägungen häufig ganz auf die Symmetrierung verzichtet wird, werden die Leitungen in Kapitel 3 dieser Arbeit normalerweise gänzlich unverdrillt betrachtet, um den worst-case hinsichtlich der Einkopplungen zu erhalten.

Die Einflussgrößen auf die stationär eingekoppelten Größen sind bei solchen unsymmetrischen Anordnungen mit mehreren AC-Systemen entlang unterschiedlicher Teilstrecken sehr zahlreich, da u.a. Mastbild, Phasenbelegungen, Systemanordnung, Lastflusshöhen,

Lastflussrichtungen eine Rolle spielen. Die in Abschnitt 2.7.1 gewonnenen Erkenntnisse zu kapazitiv und induktiv übertragenen Anteilen sind für das Verständnis der Zusammenhänge auch bei der Hybridleitung sehr hilfreich. Allerdings muss die Anwendbarkeit der Aussagen und mögliche Unterschiede bei jeder betrachteten Anordnung kritisch hinterfragt werden. Dies wird vor allem im ersten Teil 3.1 der Untersuchungen mit dem modalen Leitungsmodell anhand des D-Typ Mastbildes ausführlich diskutiert. Weiterhin stellt sich die Frage, wie sich unterschiedliche Lastflussrichtungen und -höhen in den benachbarten Systemen auf den sekundären Lichtbogenstrom und die wiederkehrende Spannung auswirken. Die Verläufe beider Größen werden deshalb bei unterschiedlichen Leitungskonfigurationen in Kapitel 3 entlang der Leitung analysiert.

3 Untersuchungen mit dem modalen Leitungsmodell

In diesem Teil der Arbeit sollen die betriebsfrequenten Einkopplungen in das HGÜ-System von Hybridleitungen unterschiedlicher Konfigurationen untersucht werden. Dabei kommen insgesamt drei in Deutschland typischerweise vorkommende Masttypen für Höchstspannungsleitungen zum Einsatz. Leitungen mit dem einfachsten Masttyp D werden in den Kapiteln 3.1 bis 3.3 ausführlich diskutiert. Danach werden die Masttypen DD in Kapitel 3.4 und AD in Kapitel 3.5 besprochen und die Ergebnisse einander gegenübergestellt (Kapitel 3.6). Im Anschluss wird in Kapitel 3.7 eine kompliziertere Anordnung mit einer Kombination aller drei Masttypen analysiert, wie sie einer realen Hybridleitung entsprechen könnte. Um den worst-case hinsichtlich der elektromagnetischer Beeinflussungen zwischen den Systemen zu untersuchen, wird standardmäßig keinerlei Verdrillung vorgenommen. Die Auswirkungen einer teilweisen Symmetrierung der Leitung werden in Kapitel 3.8 gesondert untersucht.

Bei allen Anordnung werden die drei Größen Längsspannung U_L im Normalbetrieb der Leitung, sowie für den Zustand einer einpoligen Kurzunterbrechung im HGÜ-System die Größen wiederkehrende Spannung U_w und sekundärer Fehlerstrom I_B berechnet. Deren Bedeutung und die jeweils vorliegende Schaltungskonfiguration des HGÜ-Systems werden in Kapitel 3.1 im Einzelnen erläutert. In diesem Kapitel werden für das grundlegende Verständnis auch noch einige zusätzliche Untersuchungen gemacht, wie etwa die Einkopplung auf leerlaufende DC-Leiter (3.1.2) mit einer genauen Analyse des Zustandekommens der Koppelgrößen (3.1.3) und die Rolle von Leiterpositionen im Mastbild (3.1.4).

3.1 Analyse eines einzelnen D-Abschnitts

3.1.1 Beschreibung des Modells

Leiteranordnung In diesem Abschnitt soll als einfache erste Anordnung eine 70 km lange Doppelleitung mit Donaumast (D-Typ) untersucht werden. Bei diesem Masttyp befindet sich auf beiden Mastseiten je ein System in Dreiecksanordnung sowie mittig ein Erdseil. Der rechte Stromkreis wurde dabei durch ein ±400 kV HGÜ-System (im Folgenden auch als System 1 bezeichnet) ersetzt, während links ein Drehstromsystem mit einer Betriebsspannung von 400 kV liegt (System 2). Abbildung 3.1 zeigt die Leiteranordnung am Mast, die genauen Aufbaudaten finden sich in Tabelle A.1 im Anhang. Sowohl im Hinblick auf Umweltauswirkungen durch elektrischer Felder auf Bodenhöhe und Geräuschentwicklung, als auch hinsichtlich einer Begrenzung der vom AC-System eingekoppelten Größen ist die gezeigte Positionierung der DC-Phasen vorteilhaft, weshalb diese als fix angenommen wird. [12][13] Der Einfluss einer geänderten Phasenanordnung des Wechselspannungssystems hingegen wird in den folgenden Kapiteln diskutiert.

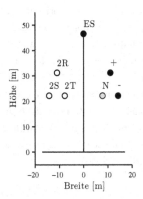

Abbildung 3.1: Mastkonfiguration D-Typ

Verschaltung Abbildung 3.2 zeigt schematisch, wie die Leitung für die Analyse der im Betrieb stationär vom AC-System ins HGÜ-System eingekoppelten Größen modelliert wird. Auf beiden Seiten der Drehstromleitung ist eine symmetrische Spannungsquelle mit Innenwiderstand angeschlossen. Die Kurzschlussimpedanz der Quellen wurde unter Annahme einer Kurzschlussscheinleistung von 50 GVA und einem R/X-Verhältnis von 0,1 an beiden Anschlusspunkten bestimmt. Der Lastfluss in diesem System wird über den

Winkelunterschied der beiden Quellen eingestellt. Auf der DC-Seite werden keine Quellen implementiert, da diese für den interessierenden 50 Hz Anteil als Kurzschluss betrachtet werden können. Sowohl am Anfang als auch am Ende der Leitung befindet sich jeweils im Plus- und Minuspol eine Glättungsdrossel. Um Ströme über Erde zu vermeiden, wird die HGÜ-Leitung nur an der linken Station geerdet. Tabelle 3.1 fasst einige wichtige Parameter des Modells zusammen.

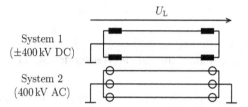

Abbildung 3.2: Schematische Verschaltung des Modells im Normalbetrieb

Tabelle 3.1: Parameter des Leitungsabschnitts mit D-Mast

Länge	70 km
Mittlerer Durchhang	5,88 m
Quellenimpedanz AC-Quellen	$(0{,}3184 + \mathrm{j}\,3{,}1841)\,\Omega$
Glättungsdrosseln	50 mH

Lastflussfälle Um den Einfluss der Lastsituation im System 2 auf die Einkopplungen zu untersuchen, werden über die Winkel der Spannungsquellen unterschiedliche Lastflüsse eingestellt. Was die Höhe des Lastflusses angeht, wird zwischen keiner Last (Kürzel 'nul'), Belastung mit natürlicher Leistung (Kürzel 'nat') und höchster thermisch zulässiger Last (Kürzel 'zul') unterschieden. Für letztere Fälle wurden 600 MW bzw. 1500 MW angenommen. Durch Umstellen von Formel 3.1 für die übertragene Wirkleistung bei Lastfluss von A nach B lässt sich der einzustellende Winkelunterschied der Spannungen bestimmen. Konkret erhält stets die sendende Seite den so berechneten Quellenwinkel, während die Empfangsseite den Winkel Null hat. Dabei muss in X die gesamte Reaktanz der AC-Seite des Aufbaus berücksichtigt werden, d.h. die Leitung selbst und die Reaktanz beider Quellen. Für die Leitung wurde in dieser Rechnung ein Reaktanzbelag von 0,248 Ω/km verwendet.

$$P = \frac{U_\mathrm{n}^2}{X} \cdot sin(\varphi_\mathrm{A} - \varphi_\mathrm{B}) \tag{3.1}$$

Neben der Höhe kann zudem die Richtung des Leistungsflusses im AC-System variiert werden. Die beiden möglichen Lastflussfälle bei der hier betrachteten Anordnung zeigt

Tabelle 3.2, in der ein Plus-Zeichen für Leistungsfluss von links nach rechts, und ein Minus-Zeichen für Leistungsfluss von rechts nach links steht.

Tabelle 3.2: Lastflussfälle beim einzelnen D-Mast

Fall Nr.	System 2
1	+
2	−

3.1.2 Spannungseinkopplung auf leerlaufende DC-Leiter

Um die Einkopplung von Spannungen auf das HGÜ-System zunächst an einer besonders einfachen Konstellation zu untersuchen, wird die Anordnung gemäß Abbildung 3.3 betrachtet. System 1 (das HGÜ-System) ist hier in allen Leitern komplett freigeschaltet, während System 2 in Betrieb ist.

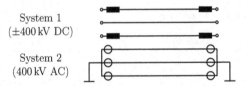

System 1
(±400 kV DC)

System 2
(400 kV AC)

Abbildung 3.3: Schematischer Modellaufbau bei leerlaufenden DC-Leitern

Abbildung 3.4 zeigt für die beiden möglichen Lastflussrichtungen die bei thermisch zulässiger Leistung in System 2 über den einzeln leerlaufenden HGÜ-Leitern induzierten Längsspannungen U_L, links als Beträge und rechts als Zeiger[11]. Man erkennt, dass sich die Beträge zwischen Fall 1 und 2 nicht unterscheiden, sondern dass der umgekehrte Leistungsfluss aufgrund des in Längsrichtung symmetrischen Aufbaus des Abschnitts lediglich eine Phasendrehung um genau 180° zur Folge hat (die Längsspannung wird unabhängig von der Lastflussrichtung immer gemäß Abbildung 3.2 auf der vorherigen Seite von links nach rechts betrachtet). Im Neutralleiter wird die höchste Längsspannung induziert, was sich damit begründen lässt, dass sich dieser am nächsten am AC-System befindet. Wie später noch diskutiert wird, bewirkt die Nähe einerseits hohe induzierte Teilspannungen durch jeden einzelnen AC-Leiter und zusätzlich einen besonders hohen Grad an Unsymmetrie der räumlichen Anordnung. Einen Abschirmungseffekt gibt es hier, wie noch im Abschnitt 3.1.4 auf Seite 67 gezeigt wird, nicht.

---

[11]Bei allen elektrischen Größen in dieser Arbeit handelt es sich um Effektivwerte.

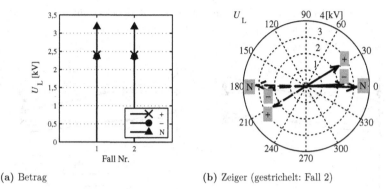

(a) Betrag   (b) Zeiger (gestrichelt: Fall 2)

Abbildung 3.4: Beim D-Masttyp in den Leitern des HGÜ-Systems induzierte Längsspannungen U_L (System 2 mit therm. zulässiger Leistung betrieben)

Abbildung 3.5 zeigt den Einfluss der Lastflusshöhe im System 2 auf den Betrag der induzierten Längsspannungen. In Übereinstimmung mit den Gleichungen in Abschnitt 2.7 erkennt man einen direkt proportionalen Zusammenhang, da die Längsspannungen durch induktive Einkopplung erzeugt werden.

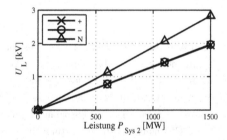

Abbildung 3.5: Betrag der induzierten Längsspannung in Abhängigkeit der Lastflusshöhe

Die in die DC-Leiter eingekoppelten Phasenspannungen über dem Leitungsverlauf zeigt Abbildung 3.6 für drei unterschiedliche Lastflusshöhen: bei Lastfluss Null, bei natürlicher Leistung und bei thermisch zulässiger Leistung. Der Wert ohne Last kann als die rein kapazitiv influenzierte Komponente identifiziert werden. Induktive Längskopplung ruft bei positivem oder negativem Lastfluss die Variation der Spannung entlang der Leitung hervor. Es ist zu beobachten, dass bei Leistungsfluss in System 2 die Werte am sendenden Ende verringert und am empfangenden Ende erhöht werden, dazwischen zeigt der Betrag in diesem Fall einen annähernd linearen Verlauf. Weiterhin fällt auf, dass die influenzierte Phasenspannung im Minus-Leiter weit unterhalb derer im Pluspol liegt, obwohl sich deren mittlerer Abstand zum AC-System nicht stark unterscheidet und die induzierte Längsspannung in beiden gleich hoch ist (siehe Abbildung 3.4a). Der Grund hierfür wird in Abschnitt 3.1.4 untersucht.

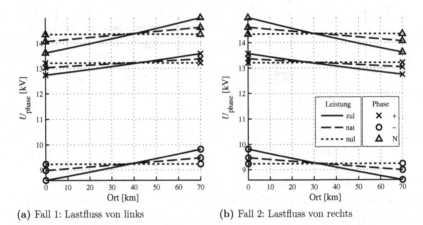

(a) Fall 1: Lastfluss von links   (b) Fall 2: Lastfluss von rechts

Abbildung 3.6: Betrag der Phasenspannungen der DC-Leiter über der Leitung bei unterschiedlichen Lastflüssen in System 2

An der Achsenskalierung in Abbildung 3.6 ist zu erkennen, dass bei einer eher kurzen Leitung wie dieser die induktiv hervorgerufene Längsspannung im Vergleich zur kapazitiv hervorgerufenen Phasenspannung in einem beidseitig leerlaufenden Leiter selbst bei hohen Lastflüssen einen geringen Anteil hat. Allerdings ist die influenzierte Komponente konstant für alle Leitungslängen, während die induzierte Längsspannung gemäß der vereinfachten Betrachtung in Abschnitt 2.7, Gleichung (2.132), der Leitungslänge proportional ist. Eine Darstellung dieser Abhängigkeit für die homogene Leitung zeigt Abbildung 3.7.

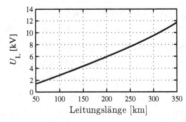

Abbildung 3.7: Induzierte Längsspannung in Abhängigkeit der Leitungslänge (Pluspol, zul. Leistung)

Beim Vergleich der Abbildungen 3.6 und 3.5 muss wie bei vielen Darstellungen in dieser Arbeit darauf geachtet werden, dass es sich bei den betrachteten Größen um Zeiger handelt, weshalb Summen und Differenzen von aus Betragsdarstellungen entnommenen Werten im Allgemeinen nicht den Betrag der Summen- bzw. Differenzgröße ergeben. So ergibt die Differenz des Betrags der Phasenspannungen am Anfang und am Ende der Leitung aus Bild 3.6 nicht den Betrag der Längsspannung aus Bild 3.5, da sich über der Leitung vor allem der Winkel der Phasenspannung ändert.

3.1.3 Analyse der auf leerlaufende Leiter übertragenen Spannungszeiger zur Erklärung des Verlaufs der wiederkehrenden Spannung

Die wiederkehrende Spannung, wie sie in Kapitel 2.7.1 für den Fall einer einpoligen Kurzunterbrechung auf einer symmetrischen Drehstrom-Einfachleitung diskutiert wurde, stellt nichts anderes als eine durch Kopplung in einem benachbarten leerlaufenden Leiter hervorgerufene Phasenspannung dar. Insofern ist die Frage berechtigt, warum die beobachteten Verläufe in Abbildung 3.6a auf der vorherigen Seite auch qualitativ nicht denen in Bild 2.19 auf Seite 49 bei der Drehstromleitung zu ähneln scheinen. Statt eines Maximums am Leitungsanfang zeigen sie dieses am Ende und statt einer charakteristischen Kurvenform mit Minimum verlaufen sie weitgehend linear. Das Zustandekommen des Phasenspannungsverlaufs für den Pluspol bei thermisch zulässiger Leistung soll deshalb detailliert nachvollzogen werden. Dazu werden als erstes die kapazitiv in die DC-Leiter eingekoppelten Querspannungen und daraufhin die induktiv übertragenen Längsspannungszeiger isoliert berechnet. Im Anschluss wird aus diesen Anteilen auf den Verlauf der übertragenen Phasenspannung geschlossen. Dann wird der Einfluss der Anordnung der AC-Phasen analysiert. Abschließend wird ein Fazit hinsichtlich des zu erwartenden Verlaufs von in leerlaufende DC-Leiter eingekoppelten Phasenspannungen gezogen.

Kapazitiv übertragener Anteil Die Berechnung rein kapazitiv auf die DC-Leiter influenzierter Spannungen ermöglicht Formel (2.69). Dazu wird für die Phasenspannungen von System 2 die in Abbildung 3.9 links gezeigten Mittelwerte der zwischen den Quellen um den Übertragungswinkel verdrehten Zeigersysteme angenommen. Das Gleichungssystem mit der Übertragungsmatrix $-\mathbf{C}'^{-1}_{11}\mathbf{C}'_{12}$ lautet bei der vorliegenden Leitungskonfiguration

$$
\begin{pmatrix} U_{\text{inf},+} \\ U_{\text{inf},-} \\ U_{\text{inf,N}} \end{pmatrix} \overset{(2.69)}{=} -\mathbf{C'}_{11}^{-1}\mathbf{C'}_{12} \cdot \mathbf{U}_2 = \begin{pmatrix} 0{,}1034 & 0{,}0410 & 0{,}0910 \\ 0{,}0648 & 0{,}0303 & 0{,}0741 \\ 0{,}0838 & 0{,}0429 & 0{,}1143 \end{pmatrix} \cdot \begin{pmatrix} U_{2\text{R}} \\ U_{2\text{S}} \\ U_{2\text{T}} \end{pmatrix} \tag{3.2}
$$

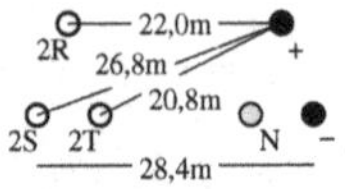

Abbildung 3.8: Leiterabstände im Mastbild des D-Typ-Abschnitts

Vergleicht man die erste Matrixzeile mit den Leiterabständen zum Pluspol im Mastbild in Bild 3.8, fällt auf, dass nicht alleine aus dem Abstand beeinflussender Leiter auf die Stärke der Kopplung geschlossen werden kann. So wirkt sich zwar der am weitesten entfernte Leiter 2S am schwächsten aus, Leiter 2R bewirkt aber eine größere Teilspannung im Pluspol als der näher liegende Leiter 2T. Der Grund liegt darin, dass das gesamte kapazitive Netzwerk der geometrischen Anordnung zu berücksichtigen ist. Insbesondere spielt die Lage zum Erdboden eine wichtige Rolle, der als Ebene mit festem Potential null ebenfalls eine Ladungsanordnung darstellt (modelliert durch die Spiegelleiter) und das elektrische Feld und somit die kapazitiven Kopplungen massiv beeinflusst. Bei der Bildung der Potentialkoeffizienten- bzw. Kapazitätsmatrizen gehen deshalb neben den Zwischenleiterabstände $D_{\nu\mu}$ auch die zu den Spiegelleitern $D'_{\nu\mu}$ ein (siehe Formel (2.17) ff.). Weiterhin wirkt sich auch ein gegebenenfalls vorhandenes Erdseil auf die kapazitiven Kopplungen insbesondere der Leiter in seiner Umgebung aus, sein Einfluss ist in der Matrix (3.2) durch die Erdseilreduktion ebenfalls bereits enthalten. Schließlich noch der Einfluss der anderen leerlaufenden Leiter, der von Anfang an in den Parametermatrizen und der hier gezeigten Berechnung berücksichtigt wird. Obwohl dies aus Gleichung (3.2) nicht direkt ersichtlich ist, wirkt sich die Anwesenheit leerlaufender Leiter nicht auf die influenzierte Phasenspannung aus. Dies wird im folgenden Abschnitt 3.1.4 ab Seite 67 näher erläutert.

Im rein theoretischen Fall idealer Verdrillung von System 2 hätten alle AC-Leiter von jedem einzelnen DC-Leiter den gleichen mittleren Abstand, und die Matrix $-\mathbf{C'}_{11}^{-1}\mathbf{C'}_{12}$ besäße zeilenweise gleiche Einträge. Die Multiplikation mit einem symmetrischen Spannungssystem ergäbe in diesem Fall immer null. Das heißt, dass unter der Voraussetzung symmetrischer Erregung ausschließlich aufgrund der räumlichen Unsymmetrie kapazitive

Spannungszeiger in den DC-Leitern hervorgerufen werden (ähnliches gilt auch für den induktiven Anteil).

Die Zeiger der übertragenen influenzierten Spannungen zeigt Abbildung 3.9 rechts. Abbildung 3.10 links verdeutlicht im Einzelnen das Zustandekommen des Zeigers für den Pluspol als Summe der Einflüsse der drei AC-Leiter entsprechend der ersten Zeile von Gleichung (3.2). Diese Darstellung macht deutlich, dass die Höhe der effektiven Einkopplung vom Grad der geometrischen Unsymmetrie bestimmt wird, welcher mit zunehmender Nähe zum erregenden System steigt. Die hier berechneten Werte (beispielsweise 13,2 kV im Pluspol) stimmen mit den Phasenspannungen ohne Lastfluss des vollen Leitungsmodells aus Abbildung 3.6 überein. Gemäß der Aussagen in den Abschnitten 2.3.1 und 2.7 ist die influenzierte Spannung von der Leitungslänge unabhängig.

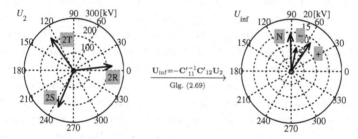

Abbildung 3.9: Kapazitive Übertragung der Spannungszeiger von System 2 (links) auf die leerlaufenden Leiter von System 1 (rechts)

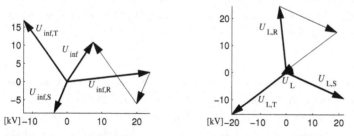

Abbildung 3.10: Zustandekommen der kapazitiv übertragenen Zeiger $\underline{U}_{\text{inf}}$ (links) und induktiv übertragenen Zeiger $\underline{U}_L$ (rechts) für den Plus-Leiter (zul. Leistung in System 2; Phasenanordnung gemäß Abbildung 3.1)

Induktiv übertragener Anteil Für die induktiv eingekoppelte Spannung, die mit Gleichung (2.71) berechnet wird, benötigt man das im System 2 fließende Stromsystem. Für diese Betrachtung wird es symmetrisch angenommen und aus den Quellenspannungen links und rechts sowie der Gesamtreaktanz (Quellen & Freileitung) von System 2 bestimmt:

$$\underline{I}_2 = \frac{\underline{U}_{qL} - \underline{U}_{qR}}{jX_2} \tag{3.3}$$

Die Übertragungsgleichung der induktiven Kopplung lautet:

$$\begin{pmatrix} \underline{U}_{L,+} \\ \underline{U}_{L,-} \\ \underline{U}_{L,N} \end{pmatrix} \overset{(2.71)}{=} j\omega \mathbf{L}'_{12} l \cdot \mathbf{I}_2 = j \begin{pmatrix} 11{,}3439 & 10{,}9910 & 11{,}9663 \\ 10{,}9910 & 11{,}1882 & 12{,}1997 \\ 11{,}9663 & 12{,}1997 & 13{,}5972 \end{pmatrix} \Omega \cdot \begin{pmatrix} \underline{I}_{2R} \\ \underline{I}_{2S} \\ \underline{I}_{2T} \end{pmatrix} \tag{3.4}$$

Auch die induktive Koppelmatrix kann wieder mit den Leiterabständen in Abbildung 3.8 auf Seite 60 verglichen werden. Hier fällt in Zeile zwei und drei auf, dass der Leiter R einen geringeren induktiven Einfluss ausübt als Leiter S, obwohl sein Abstand zum beeinflussten DC-Pol jeweils geringer ist. In der Formel für die Bestimmung der Induktivitätsmatrix (2.43) sieht man, dass hier – anders als bei den Kapazitäten – die Lage zur Erde die gegenseitigen Induktivitäten nicht beeinflusst, da der fiktive Erdrückleiter so weit entfernt liegt, dass der Abstand D_E für alle Schleifen gleich angenommen wird. Allerdings verbleibt noch der Einfluss des Erdseils, das aufgrund seiner Erdung einen Strom führen und die effektiven induktiven Kopplungen zwischen den aktiven Phasen beeinflussen kann. Dieser Einfluss ist über die Erdseilreduktion auch in der Induktivitätsmatrix enthalten, wobei Einträge erdseilnaher Leiter (hier eben des oben angebrachten Leiters R) stärker beeinflusst werden als von weiter entfernten Leitern. Dass die übrigen leerlaufenden DC-Leiter wegen fehlendem Strom keinen Einfluss auf induktive Längseinkopplung haben, ist anhand Gleichung (2.70) direkt einsichtig, wird aber auch in Abschnitt 3.1.4 nochmal diskutiert.

Auch hier gilt, dass bei ideal verdrilltem AC-System ein Strom-Mitsystem keine Längsspannung induzieren würde (zeilenweise gleiche Elemente der $\mathbf{L}'_{12}$-Matrix). Aufgrund der Unsymmetrie rufen aber die in Abbildung 3.11 auf der nächsten Seite links gezeigten Stromzeiger für thermisch zulässige Leistung in System 2 die rechts abgebildeten induzierten Längsspannungen über den DC-Leitern hervor. Bild 3.10 zeigt rechts wiederum die Zusammensetzung aus den einzelnen Einflüssen für die Spannung im Plus-Pol. Die so bestimmten Längsspannungen ähneln qualitativ den Zeigern des vollständigen Modells aus Abbildung 3.4b. Es gibt allerdings eine Winkeldifferenz von 15° und auch die Beträge stimmen nur grob überein. Für die Abweichungen können zwei Gründe identifiziert werden. Wie sich mit der erneuten Auswertung von Gleichung (3.4) mit dem real vorliegenden

Drehstromsystem nachvollziehen lässt, liegt die Winkeldrehung daran, dass die Ströme in System 2 aufgrund der fehlenden Verdrillung in der Realität nicht symmetrisch sind. Der verbleibende Unterschied lässt sich dadurch erklären, dass sich beim vollen Leitungsmodell trotz Leerlaufs Ströme über Kapazitäten ergeben, welche bei der Berechnung der reinen induktiv übertragenen Spannung nicht berücksichtigt werden. In Abbildung 3.4b ist insofern nicht die reine induktiv hervorgerufene Längsspannung dargestellt, da eine scharfe Trennung bzw. isolierte Betrachtung mit dem homogenen Modell gar nicht möglich ist. Stattdessen ist die Längsspannung U_L dort die sich einstellende Potentialdifferenz zwischen Leitungsanfang und -ende bei Überlagerung aller Effekte.

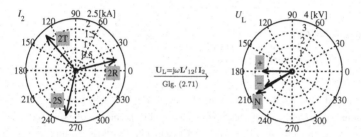

Abbildung 3.11: Induktive Übertragung der Längsspannungen in System 1 (rechts) durch die Phasenströme von System 2 (links)

Ableiten der Phasenspannung aus den Anteilen Die Zeigerbilder der kapazitiv influenzierten und der induktiv induzierten Spannungen zeigen für alle drei DC-Leiter eine Winkeldifferenz deutlich über 90°. Als Grund hierfür lässt sich die unterschiedliche Bestimmung der Kapazitäts- gegenüber den Induktivitätskoeffizienten ausmachen, die zu einer unterschiedlichen Gewichtung der einzelnen Leiterpositionen hinsichtlich des kapazitiven und induktiven Einflusses führt. Wäre diese relative Gewichtung bei beiden Anteilen gleich, dann würden diese ausgehend von den in Phase liegenden erregenden Spannungs- und Stromsystemen genau 90° zueinander aufweisen. Im vorliegenden Fall überwiegt aber beispielsweise beim influenzierten Einfluss die obere Leiterposition, während beim induzierten diejenige nahe am Mast dominiert.

Die in Abschnitt 2.7.1 gemachte Aussage, dass sich die Wirkung der induktiven Längseinkopplung in der Mitte der Leitung aufhebt, kann man auch auf beidseitig leerlaufende DC-Leiter der Hybridleitung übertragen. Man kann deshalb analog zu Abbildung 2.20 auch hier die Phasenspannungen am Leitungsanfang mit $\underline{U}_A = \underline{U}_{inf} + 0{,}5\,\underline{U}_L$ und die am

Ende mit $\underline{U}_E = \underline{U}_{inf} - 0{,}5\,\underline{U}_L$ berechnen. Das resultierende Zeigerbild ist in Abbildung 3.12 zu sehen.

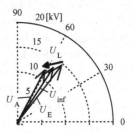

Abbildung 3.12: Zeigerbild zur Interpretation des Verlaufs der Phasenspannung im Leiter R. Influenzierte Spannung U_{inf}, Phasenspannungen am Anfang U_A, am Ende U_E und Längsspannung U_L

Man erkennt, dass sich aufgrund der Winkeldifferenz von größer 90° zwischen influenzierter Spannung U_{inf} und induzierter Spannung U_L eine geringere Phasenspannung am Leitungsanfang einstellt als am Ende. Bei Umkehr der Lastflussrichtung in System 2 kehrt sich der Zeiger der induktiv übertragenen Spannung genau um 180°, während die kapazitive Einkopplung sich nicht ändert. Dadurch ergibt sich über der Leitung eine ansteigende Phasenspannung. Beides deckt sich mit dem Verhalten in Abbildung 3.6a. Auch das Fehlen eines Minimums lässt sich durch den zu großen Winkel zwischen den Koppelanteilen erklären.

Einfluss geänderter Phasenanordnungen im AC-System   Für den resultierenden Verlauf der eingekoppelten Phasenspannung wurde der Winkelunterschied zwischen influenziertem und induziertem Anteil als maßgeblich erkannt. Unter Voraussetzung symmetrischer erregender Strom- und Spannungssysteme (U_2, I_2) wird die Winkellage dieser Anteile wie in den vorangegangenen Absätzen beschrieben durch die Positionen der Phasenleiter im Leitungsquerschnitt ($\rightarrow$ $\mathbf{C'}$, $\mathbf{L'}$) bestimmt. Sind für ein Mastbild die Leiterpositionen festgelegt, kann immer noch die Anordnung der Phasen R, S und T geändert werden. Der Betrag der kapazitiven und induktiven Koppelzeiger ändert sich dadurch nicht, wohl aber ihre Phasenlage. Eine Rotation der AC-Phasen (alle Phasen wechseln in die eine oder andere Richtung ihre Position) führt zu einer Winkeldrehung beider Anteile um 120°, wodurch der Winkelunterschied zwischen ihnen gleich bleibt. Anders ist es bei der Änderung des Drehsinns bzw. dem Vertauschen zweier AC-Phasen, weshalb die Auswirkung des Austauschs der Phasen S und T untersucht werden soll.

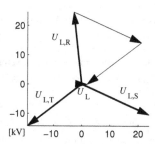

2R   +
○   ●
2T 2S   N   –
○ ○   ○ ●

Abbildung 3.13: Phasenanordnung nach Vertauschen der Phasen S und T

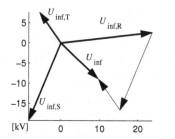

Abbildung 3.14: Zustandekommen der Größen U_{inf} und U_L für den Pluspol bei umgekehrter Phasenfolge der AC-Seite (vgl. mit Bild 3.10

Abbildung 3.14 zeigt, wie sich in diesem Fall die beiden Zeiger U_{inf} und U_L im Plus-Pol aus den Einflüssen der drei AC-Phasen ergeben. Das Tauschen zweier Phasen im Mastbild wirkt sich als Spiegelung der übertragenen influenzierten und induzierten Spannungszeiger am Zeiger der Phase, die ihren Platz behält aus (vgl. Abbildung 3.1 und 3.14). Aus dem gleichen Grund, warum sich ein von 90° abweichender Winkel zwischen den Anteilen ausbildet, nämlich dass die Gewichtung einzelner Leiterpositionen hinsichtlich ihres kapazitiven Einflusses von der hinsichtlich ihrer induktiven Auswirkung abweicht, ändert sich dadurch die Phasendifferenz zwischen beiden Anteilen. Im vorliegenden Fall verstärkt diese unterschiedliche Gewichtung bei der ursprünglichen Anordnung die grundsätzliche Winkeldrehung des induktiven Anteils vom 90° gegenüber dem kapazitiven Anteil. Nach dem Tausch von Phase S und T verringert sie die Winkeldifferenz hingegen. Analog zu Abbildung 3.12 ergibt sich daraus, dass die Phasenspannung am Leitungsanfang höher als am Ende ist. Die Berechnung mit dem homogenen Modell bestätigt dies.

In der Realität sind die erregenden Strom- und Spannungssysteme bei einem unsymmetrischen Leitungsaufbau nicht symmetrisch. So zeigt die Berechnung mit dem homogenen Leitungsmodell, dass sich bei Vorgabe symmetrischer Spannungsquellen unsymmetrische AC-Ströme einstellen. Wie im entsprechenden Absatz erläutert, hat dies natürlich Auswirkungen auf die induktiv übertragene Längsspannung. Während bei einer Phasenrotation auch diese Stromunsymmetrie „mitrotiert" und damit die letztendlich induzierte Längsspannung betragsmäßig gleich bleibt, ist dies beim Tausch zweier Phasen nicht der

Fall. Aus diesem Grund unterscheidet sich der Betrag induzierten Längsspannung leicht in Abhängigkeit des Drehsinns der AC-Phasenbelegung. Da sich der induzierte Anteil auch auf die übertragene Phasenspannung und damit auf die wiederkehrende Spannung und den sekundären Kurzschlussstrom auswirkt, kann insgesamt folgendes festgehalten werden:

a) Die Koppelgrößen hängen im Allgemeinen von der exakten Anordnung der AC-Phasen im Mastbild ab.

b) Bei Rotation der Belegung aller AC-Systeme in die gleiche Richtung ändert sich nur die Phasenlage aller übertragenen Größen, nicht aber ihr Betrag.

Beim D-Masttyp existieren entsprechend nur zwei Gruppen von AC-Phasenpermutationen, die sich hinsichtlich der Beträge der Koppelgrößen unterscheiden: die Anordnungen RST, STR und TRS einerseits und die Anordnungen RTS, TSR und SRT andererseits. Weil die Betragsunterschiede zudem beim D-Typ nur sehr gering ist, werden im Folgenden weiterhin ausschließlich Ergebnisse für die Mastbelegung in Abbildung 3.1 diskutiert. Bei den anderen Masttypen DD (Kapitel 3.4) und AD (Kapitel 3.5), sowie bei der gemischten Hybridleitung (Kapitel 3.7) gibt es jedoch durch die größere Anzahl an AC-Systemen von 3 bzw. 5 deutlich mehr Phasenpermutationen mit unterschiedlichen Koppelgrößen. Es gilt bei n AC-Systemen mit festgelegter Systemposition die Formel $\frac{1}{3} \cdot 6^n$, was 72 bzw. 2592 zu unterscheidende Anordnungen bei den in späteren Kapiteln untersuchten Leitungen ergibt. Die Koppelgrößen weisen dann zudem in Abhängigkeit der AC-Phasenanordnung eine viel größere Streuung auf. Aus diesem Grund wird in den späteren Kapiteln jeweils gesondert darauf hingewiesen, wenn einzelne Diagramme nur für bestimmte Belegungskonfigurationen gelten, bzw. es werden Bereiche mit minimal bis maximal zu beobachtenden Werten angegeben und dargestellt.

Zu erwartender Verlauf der wiederkehrenden Spannung Aus den gemachten Analysen lässt sich zum einen schlussfolgern, dass sich der Verlauf der in leerlaufende Leiter eingekoppelten Phasenspannung durch die isolierte Betrachtung kapazitiv und induktiv übertragener Spannungszeiger qualitativ gut nachvollziehen lässt. Unter den in diesem Abschnitt gemachten vereinfachenden Annahmen einer „mittleren" Phasenlage des erregenden Spannungssystems U_2 und der Bestimmung des erregenden Stromsystems I_2 nur mit der Leitungslängsreaktanz ergeben sich diese Systeme mit gleicher Phasenlage. Die von einzelnen AC-Leitern hervorgerufenen induktiven Spannungsanteile eilen den kapazitiven Anteilen dann um eine viertel Periode vor. Die Winkelbeziehung zwischen der gesamten influenzierten und der induzierten Spannung hängt allerdings zusätzlich von der geometrischen Anordnung der Leiter ab, welche sich in den Einträgen der Koppelmatrizen ausdrückt. Durch die unsymmetrische Anordnung und die unterschiedliche Gewichtung von Leiterpositionen hinsichtlich der beiden Anteile kann sich die Phasenlage in beide Richtungen verschieben. Erhält sie so einen Wert größer 90°, ist der Betrag der eingekoppelten Phasenspannung am Leitungsanfang geringer als am Ende. Für Werte kleiner 90° ist es umgekehrt und im Bereich von 90° ist im Betragsverlauf entlang der Leitung ein Minimum zu erwarten.

Insgesamt lässt sich also festhalten, dass entlang eines Leitungsabschnitts mit unverändertem Aufbau (keine Verdrillung o. Ä.) im Verlauf der eingekoppelten Phasenspannung (damit auch der wiederkehrenden Spannung und des sekundären Kurzschlussstromes) bei der Hybridleitung nicht allgemein ein Minimum erwartet werden kann. Je nach Leitungskonfiguration kann der Verlauf von Beginn an steigen, über die Abschnittslänge ausschließlich absinken oder aber, als Spezialfall, ein Minimum aufweisen. Allgemein lässt sich nur die Aussage treffen, dass Maximalwerte nur an den Rändern solcher Abschnitte auftreten können. Hintergrund ist die Tatsache, dass der influenzierte Anteil entlang der Leitung konstant ist und der hinzu zu addierende induktive Anteil seine Phasenlage entlang von gleich aufgebauten Leitungsabschnitten nicht ändert.

Die beschriebenen vereinfachten Betrachtungen sind nützlich zum prinzipiellen Verständnis. Sie erlauben aber nur begrenzt eine Beurteilung der Größen auf der realen Leitung, da bei dieser kapazitive, induktive, resistive und ggf. konduktive Effekte als gekoppeltes Problem auftreten. Speziell bei hohen Auslastungen und großen Leitungslängen sind durch Zeigerdrehungen entlang des Leitungsverlaufs deutliche Abweichungen zu erwarten. In diesem Fall muss das homogene Leitungsmodell angewendet werden.

3.1.4 Einfluss der Entfernung zum AC-System und Abschirmung

In Abbildung 3.15 auf der nächsten Seite werden drei unterschiedliche Leiterkonfigurationen A, B und C veranschaulicht. Zum einen soll anhand der fünf eingezeichneten Positionen der Minus-Phase der Einfluss des Abstands vom AC-System auf die eingekoppelten Spannungen betrachtet werden. Zum anderen sind in Fall A keine weiteren DC-Leiter vorhanden, in Fall B liegen die anderen DC-Leiter wie der Minuspol leerlaufend vor und in Fall C sind diese einseitig geerdet (was der Konfiguration während einer einpoligen Kurzunterbrechung des Minus-Leiters entspricht). Durch den Vergleich lassen sich Unterschiede zwischen kapazitiver und induktiver Spannungseinkopplung hinsichtlich der Abschirmwirkung gegebenenfalls vorhandener anderer Leiter aufzeigen.

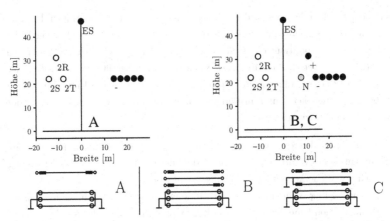

Abbildung 3.15: Verschiedene Anordnungen zur Untersuchung des Einflusses der Entfernung vom AC-System und der Abschirmung

In Bild 3.16 auf der nächsten Seite sind links die Beträge der eingekoppelten Längsspannung und rechts die der maximalen Phasenspannungen am Leiterende im Minus-Leiter über dem Abstand von der Mastmitte aufgetragen. In beiden Darstellungen sieht man den abnehmenden Einfluss des AC-Systems mit dem Abstand. Der Plot der Längsspannung zeigt für die Konfigurationen A und B identische Verläufe, der für Konfiguration C weicht nur minimal ab. Da die Längsspannung vor allem durch induktive Kopplung hervorgerufen wird, wird sie nur von Leitern in der Umgebung beeinflusst, in denen ein Strom fließt. In den leerlaufenden DC-Leitern in Fall B fließt quasi kein Strom. In der Schleife Pluspol-Neutralleiter von Fall C wird ein sehr geringer Strom induziert, was die minimale Abweichung im entsprechenden Verlauf von U_L erklärt. Bei größerer Leitungslänge wird dieser Effekt etwas stärker.

Hinsichtlich der eingekoppelten Phasenspannung fällt auf, dass leerlaufende Leiter in der Nachbarschaft wiederum keinerlei Einfluss ausüben. Sind diese hingegen geerdet, verringert sich die eingekoppelte Phasenspannung deutlich. Das ist mit der Beeinflussung des kapazitiv influenzierten Anteils zu erklären, der durch die elektrischen Felder geladener Leiter in der Umgebung hervorgerufen wird. Bei Konfiguration B können aufgrund des Leerlaufs durch den Betrieb des Systems 2 keine Ladungen auf die anderen DC-Leiter gelangen. Dadurch beeinflussen diese das elektrische Feld höchstens lokal durch Influenz. Sind sie jedoch wie bei Fall C geerdet, können Ladungen auffließen die das Feld der AC-Leiter kompensieren, sodass dieses „im Schatten" der geerdeten Leiter stark verringert wird.

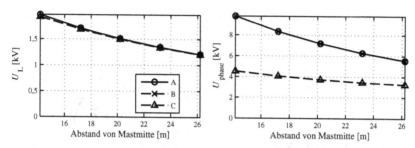

Abbildung 3.16: Bei unterschiedlichen Anordnungen im Minus-Leiter induzierte Längs- und Phasenspannungen über dem Abstand von der Mastmitte (System 2: zul. Leistung, Lastfall 1)

3.1.5 Spannungseinkopplung im Normalbetrieb

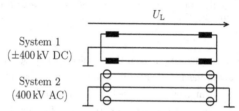

Abbildung 3.17: Schematischer Aufbau des Modells im Normalbetrieb

In diesem Kapitel werden die Einkopplungen ins DC-System bei der Konfiguration aus Abbildung 3.17, welche den normalen Betriebsfall (beide Systeme in Betrieb) darstellen soll, untersucht. In Abbildung 3.18a ist der Betrag der über dem DC-System induzierten Längsspannung U_L (vgl. Bild 3.17) für null, natürliche und zulässige Leistung gezeigt. Man erkennt auch hier, dass sich U_L proportional zur Höhe des Lastflusses verhält. Dabei gibt es jeweils nur noch einen Wert je Lastflussfall, da die drei DC-Leiter im 50 Hz-Ersatzschaltbild vorne und hinten kurzgeschlossen sind. Längs der einzelnen Leiter werden zwar weiterhin aufgrund der Unsymmetrie im Aufbau unterschiedliche Spannungen induziert (vgl. Abbildung 3.11 rechts), durch die Verbindung der Leiter an Anfang und Ende fließen in der Konsequenz nun jedoch entsprechende Ströme, sodass die Kirchhoff'schen Regeln erfüllt sind. Als Resultat stellen sich Längsspannungen ein, die etwa dem Mittelwert der einzelnen Leiterlängsspannungen leerlaufender DC-Pole (vgl. Abschnitt 3.1.2) beim jeweiligen Lastfluss entsprechen. Die im Sternpunkt am Ende des DC-Systems durch die Einkopplungen stationär hervorgerufene Spannung entspricht genau der negativen

Längsspannung. Sie beträgt also bei der betrachteten Anordnung ca. 2,4 kV bei thermisch zulässiger Last im AC-System.

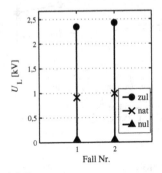

(a) Betrag

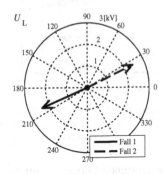

(b) Spannungszeiger (therm. zul. Leistung)

Abbildung 3.18: Im HGÜ-System im Normalbetrieb induzierte Längsspannung U_L (D-Typ, 1×70 km)

Man erkennt für diese Konfiguration einen Unterschied im Betrag von U_L zwischen den beiden Leistungsflussrichtungen bei einem Phasenunterschied bei Richtungsumkehr von wieder ca. 180°. Dieser Unterschied lässt sich durch den im Vergleich zur Anordnung von Abschnitt 3.1.2 in Längsrichtung unsymmetrischen Aufbau der Leitung anhand den vereinfachten Schaltskizzen in Abbildung 3.19 erklären.

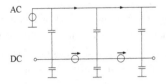

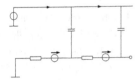

Abbildung 3.19: Prinzipschaltbilder der Einkopplungen ins leerlaufende (links) bzw. einseitig geerdete DC-System (rechts)

Darin werden vereinfachend sowohl das AC-System als auch das DC-System als ein einziger Leiter betrachtet. Im Fall des beidseitig leerlaufenden DC-Leiters hat die kapazitive Einkopplung überall entlang der Leitung die gleiche Wirkung, es liegt ein gleichmäßig verteilter kapazitiver Spannungsteiler vor, der sich auf die Längsspannung nicht auswirkt ($U_L = 0$ bei fehlendem Strom in System 2). Diese ergibt sich allein infolge der verteilten Längsspannungsquelle der induktiven Kopplungen, wie es im Abschnitt 3.1.2 für die

Hybrid- und bereits in Abschnitt 2.7.1 für die Drehstromleitung diskutiert wurde. Bei der Anordnung mit linksseitiger Erdung handelt es sich beim kapazitiven Einfluss AC-Leiter – DC-Leiter – Erdboden nicht mehr um einen gleichmäßig aufgebauten kapazitiven Spannungsteiler entlang der Leitung. Aus Sicht der kapazitiven Einkopplung können durch die Erdung die Kapazitäten vom DC-Leiter zur Erde und zwischen den Leitern am Leitungsanfang vernachlässigt werden. Anstatt des kapazitiven Teilers

$$\underline{U}_{\text{inf}} = \underline{U}_2 \cdot \frac{C_{\text{LL}}}{C_{\text{LL}} + C_0} \tag{3.5}$$

ergibt sich näherungsweise der kapazitiv-induktive Spannungsteiler

$$\underline{U}_{\text{inf}} = \underline{U}_2 \cdot \frac{X_{\text{längs}}}{X_{\text{längs}} - \frac{1}{\omega C_{\text{LL}}}} \tag{3.6}$$

Der Bruch ist reel und wegen $|X_{\text{LL}}| \gg |X_{\text{längs}}|$ negativ mit kleinem Wert. Die kapazitive Einkopplung wirkt sich deshalb im Vergleich zur Anordnung mit leerlaufenden Leitern nur noch sehr schwach aus. Dafür wirkt ihr Einfluss nun längs der Leitung und nicht mehr quer zu ihr, wodurch sie den Längsspannungsabfall über dem Leiter beeinflusst. Dadurch tritt bei dieser Anordnung auch bei fehlendem Lastfluss in System 2 eine – allein durch kapazitive Einwirkung hervorgerufene – Längsspannung auf, siehe Abbildung 3.18a. Sie beträgt bei der betrachteten Anordnung knapp 60 V mit einer Phasenlage von ca. 60°. Die Tatsache, dass diese Phasenlage von der Lastflussrichtung in erster Näherung unabhängig ist, während der deutlich größere induktiv verursachte Anteil eine Phasendrehung von 180° erfährt, erklärt die kleinere Längsspannung bei Lastfall 1 gegenüber Lastfall 2 in Abbildung 3.18.

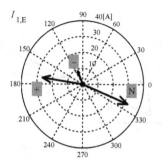

Abbildung 3.20: Im Sternpunkt des DC-Systems durch die stationären Einkopplungen fließendes Stromsystem (zul. Leistung)

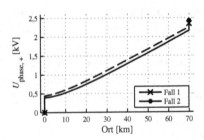

Abbildung 3.21: Induzierte Phasenspannung des Plus-Leiters über der Leitung für Normalbetrieb (System 2: zul. Leistung)

Entgegen dem für die Erklärung der Betragsunterschiede herangezogenen Ersatzschaltbild liegen in Wirklichkeit im DC-System geschlossene Leiterschleifen vor. In ihnen werden die in Abbildung 3.20 gezeigten, sich zu null addierenden Ausgleichsströme eingekoppelt. Diese rufen im Plus- und Minusleiter Spannungsabfälle an den Drosseln an Leitungsanfang und -ende hervor. Abbildung 3.21 stellt den Verlauf der Phasenspannung im Leiter Plus über dem Leitungsverlauf dar. Die Erdung am linken Leitungsende zeigt sich dort in der Phasenspannung von 0 V, die Drosseln sind an den Sprüngen in der Kurve erkennbar. Wie sich der Längsspannungszeiger für den Fall 1 aus Abbildung 3.18b aus den Spannungsabfällen an den Drosseln und über der Leitung in den drei DC-Leitern zusammensetzt, zeigt Abbildung 3.22. Dabei ergeben sich im Minuspol nur geringe Spannungsabfälle über den Drosseln welche zudem gleiche Winkellage wie die Gesamtspannung haben, wodurch sich $U_{L,-}$ und $U_{L,N}$ kaum unterscheiden.

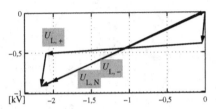

Abbildung 3.22: Zusammensetzung der Längsspannungen U_L in den DC-Leitern (zul. Leistung, Fall 1)

3.1.6 Wiederkehrende Spannung bei einpoliger Kurzunterbrechung

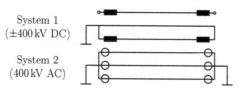

System 1
(±400 kV DC)

System 2
(400 kV AC)

Abbildung 3.23: Verschaltung bei Freischaltung eines DC-Pols bei einpoliger Kurzunterbrechung

Wie in Kapitel 2.7 auf Seite 47 erläutert wurde, ist für die Brenndauer des Lichtbogens eines einpoligen Kurzschlusses nach Freischalten des entsprechenden Leiters auch die sogenannte „wiederkehrenden Spannung" von Interesse. Dies ist die Phasenspannung des freigeschalteten Leiters an der Fehlerstelle nach Erlöschen des Lichtbogens. Die prinzipielle Verschaltung der Hybridleitung mit D-Typ Mast in diesem Fall ist in Bild 3.23 gezeigt. Dabei kann der oben dargestellte Leiter entweder der Plus- oder der Minuspol sein. Der Verlauf der stationären wiederkehrenden Spannung über der Leitung ist für beide Pole bei Lastfluss null, natürlicher Leistung und thermisch zulässiger Leistung im AC-System in Abbildung 3.24 für beide Lastflussrichtungen dargestellt.

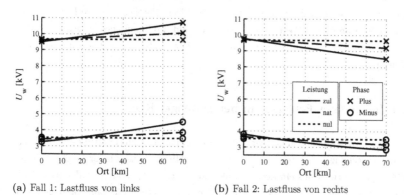

(a) Fall 1: Lastfluss von links

(b) Fall 2: Lastfluss von rechts

Abbildung 3.24: Betrag der wiederkehrenden Spannung U_w in Abhängigkeit des Fehlerorts (D-Typ)

Da der jeweils betrachtete Leiter hier nun wieder beidseitig leerlaufend ist, gelten hinsichtlich der Überlagerung von kapazitiv und induktiv eingekoppeltem Spannungsanteil prinzipiell wieder die in den Kapiteln 2.7.1 und 3.1.3 angestellten Überlegungen. Die im

Vergleich zu Abbildung 3.6 auf ähnliche Weise je nach Lastfall ansteigende bzw. abfallende wiederkehrende Spannung lässt sich deshalb wie dort geschehen über die Winkelbeziehung von kapazitivem und induktivem Anteil erklären.

Trotzdem wirkt sich die hinzugekommene Verschaltung und insbesondere die Erdung der übrigen DC-Leiter stark aus. Zum einen ist der Spannungsverlauf aufgrund der einseitigen Erdung nicht mehr spiegelsymmetrisch bei umgekehrter Lastflussrichtung. Stattdessen ist der Wert auf der Seite der Erdung nun grundsätzlich näher am rein kapazitiv influenzierten Wert. Da sich die auf den Pluspol übertragene Längsspannung im Vergleich zu Abschnitt 3.1.2 so gut wie nicht geändert hat, ist dadurch die Spreizung der Spannungen am Ende ohne Erdung nun deutlich höher. Es sei daran erinnert, dass gemäß der Zeigeranalyse in Abschnitt 3.1.2 von Mastbild und Phasenpositionen abhängig ist, bei welchem Lastrichtungsfall die Phasenspannung ansteigt bzw. abfällt. Allgemein gilt für die hier untersuchte Anordnung aber offenbar, dass über alle Lastfälle betrachtet an dem Leitungsende, an dem das DC-System nicht geerdet ist, die höchste wiederkehrende Spannung zu erwarten ist. Eine weitere Auswirkung der Erdung der DC-Leiter ist deren starker Einfluss auf das Kapazitätsnetzwerk, da sie das Erdpotential näher an den betroffenen Leiter rücken lässt. So stellen sich im Vergleich zu den allseitig leerlaufenden DC-Leitern deutlich geringere kapazitiv influenzierte Spannungsanteile (abzulesen an den Kurven für Lastfluss null) ein: beim Plus-Leiter 9,67 kV statt 13,21 kV (-27%), beim Minus-Leiter 3,53 kV statt 9,23 kV (-62%). Der erheblich stärkere Rückgang im Minuspol liegt an dessen Position außen im Mastbild, wo ihn die beiden geerdeten DC-Pole effektiv gegen das elektrische Feld des AC-Systems abschirmen können (vergleiche Abschnitt 3.1.4).

3.1.7 Sekundärer Fehlerstrom bei einpoliger KU

Die andere Größe, die neben der wiederkehrenden Spannung hinsichtlich der einpoligen Kurzunterbrechung von Interesse ist, weil sie die Mindestpausendauer maßgeblich beeinflusst, ist die Höhe des einpoligen Fehlerstroms. Dabei ist auch hier der betroffene Leiter bereits freigeschaltet, der Fehler wird nur noch durch die Einkopplungen von der AC-Seite aus gespeist. Um seinen Wert berechnen zu können, wird ins homogene Leitungsmodell an der Fehlerstelle eine Fehlermatrix gemäß Abschnitt 2.6.4 eingefügt. Die Situation für diesen Fall entspricht Abbildung 3.23 auf der vorherigen Seite, nur dass der leerlaufende Leiter am Fehlerort noch mit Erde verbunden ist. Im Modell soll eine möglichst verschwindende Fehlerimpedanz angenommen werden. Zur Vermeidung numerischer Probleme wird ein Wert von 0,001 Ω verwendet.

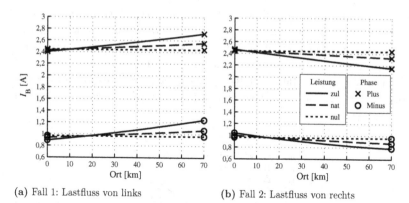

(a) Fall 1: Lastfluss von links

(b) Fall 2: Lastfluss von rechts

Abbildung 3.25: Betrag des einpoligen Fehlerstroms I_B in Abhängigkeit des Fehlerortes entlang der Leitung (D-Typ)

Wie in Abbildung 3.25 zu sehen ist, zeigt der Betrag des sekundären Fehlerstroms in Abhängigkeit des Fehlerortes ein sehr ähnliches Verhalten wie die wiederkehrende Spannung. Dies entspricht den Überlegungen aus Abschnitt 2.7.1, wonach das Verhältnis aus wiederkehrender Spannung und sekundärem Kurzschlussstrom die Eingangsadmittanz der Anordnung von der Fehlerstelle aus gesehen ist. Diese Admittanz gilt sowohl für den kapazitiven als auch den induktiven Anteil. Sie ist aufgrund der Freischaltung des betroffenen Leiters immer fast rein kapazitiv und daher entlang der Leitung weitgehend konstant, was die Übereinstimmung der Kurvenformen erklärt. Auch beim Strom überlagert sich dem kapazitiv influenzierten Strom (abzulesen an der Kurve für null Leistung in System 2) der Zeiger der induktiven Einkopplung unter einem bestimmten Winkel, was wie in Abschnitt 3.1.2 analysiert den Betragsverlauf bestimmt. Wie bei der wiederkehrenden Spannung ist auch beim sekundären Kurzschlussstrom der Maximalwert über alle Lastrichtungsfälle an dem Leitungsende zu erwarten, an dem sich nicht die Erdung des DC-Systems befindet. Im konkret vorliegenden Fall beträgt dieser Wert 2,7 A. Im nächsten Abschnitt soll betrachtet werden, wie sich höhere Leitungslängen auf die bisher besprochenen Größen auswirken.

3.1.8 Abhängigkeit eingekoppelter Größen von der Leitungslänge

Um die Abhängigkeit der in das DC-System eingekoppelten stationären Spannungen und Ströme von der Leitungslänge zu untersuchen, wurden die drei hauptsächlich interessierenden Größen für Leitungslängen zwischen 10 und 400 km berechnet. Zum einen die

über dem DC-System im Normalbetrieb (Verschaltung Bild 3.2) eingekoppelte Längsspannung U_L welche der im ungeerdeten Sternpunkt auftretenden Spannung entspricht.
Außerdem im Zusammenhang mit der einpoligen Kurzunterbrechung die wiederkehrende
Spannung U_w sowie der sekundäre Kurzschlussstrom I_B jeweils für die DC-Pole Plus
und Minus (Verschaltung Bild 3.23). Bei U_w und I_B wird in den Diagrammen für jede
Leitungslänge jeweils der Maximalwert über beide Lastrichtungsfälle und alle Fehlerorte
hinweg dargestellt.

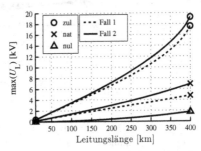

Abbildung 3.26: Maximale Längsspannung U_L in Abhängigkeit der Leitungslänge (D-Typ)

Die in Abbildung 3.26 dargestellte eingekoppelte Längsspannung im Normalbetrieb
steigt bis ca. 300 km Leitungslänge annähernd linear an. Da man sie als weitgehend von
der induktiven Längskopplung hervorgerufen betrachten kann, ist dieses Verhalten zu
erwarten, weil bei gleichem Strom im Nachbarsystem aber größerer Leitungslänge die
verteilte induktive Spannungsquelle über eine größere Strecke hinweg wirksam wird. Diese
lineare Abhängigkeit der induktiven Spannungseinkopplung von der Leitungslänge wurde
bereits in Kapitel 2.7.1 abgeleitet und in Gleichung (2.132) ausgedrückt.

Im Verlauf der wiederkehrenden Spannung als Zeigersumme eines kapazitiven und eines
induktiven Anteils wäre im Fall senkrecht aufeinander stehender Anteile theoretisch eine
waagrechte Tangente bei 0 km zu erwarten, welche dann mit steigender Leitungslänge in
einen linearen Anstieg gemäß der verteilten Längsspannungsquelle übergeht. Schon bei der
einpoligen Kurzunterbrechung in einem Drehstromsystem, bei dem dieser rechte Winkel
eigentlich zu erwarten wäre, steigt der Verlauf von U_w bei einem Lastfluss größer null
jedoch von Beginn an annähernd linear, wie Haubrich in [9] darstellt. Bei der Hybridleitung
stehen die beiden Koppelanteile wie im Kapitel 3.1.3 dargestellt im Allgemeinen nicht
senkrecht aufeinander, was zusätzlich zu einem quasi linearen Anstieg von U_w von Beginn
an beiträgt. Dies zeigt das Diagramm in Abbildung 3.27 links, in dem U_w bei Lastfluss

im Nachbarsystem vom rein kapazitiv verursachten, längenunabhängigen Grundwert aus zunächst näherungsweise linear ansteigt.

Bei sehr großen Leitungslängen von mehr als 300 km und gleichzeitig sehr hohem Lastfluss im Nachbarsystem (dieses wird dann bereits nahe an seiner statischen Stabilitätsgrenze betrieben), lässt sich trotzdem eine überproportionale Zunahme von U_L und U_w beobachten. Für diese sind die in den vereinfachten Netzwerken (vgl. Abbildungen 2.18) außer Acht gelassenen Längsimpedanzen verantwortlich zu machen, die bei entsprechend hohen Lastflüssen und Leitungslängen trotz ihrer im Vergleich zu den Querelementen geringen Impedanz eine immer größere Rolle spielen. [9]

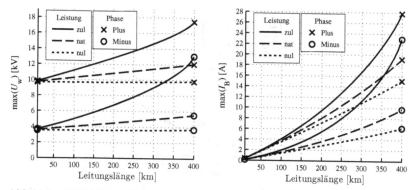

Abbildung 3.27: Maximalwerte der wiederkehrenden Spannung U_w und des sekundären Kurzschlussstromes I_B in Abhängigkeit der Leitungslänge (D-Typ)

Beim sekundären Kurzschlussstrom, dargestellt in Abbildung 3.27 rechts, lässt sich für die Lastflusshöhe null eine lineare Zunahme mit der Leitungslänge erkennen. Dies entspricht exakt dem vereinfachten Modell aus Kapitel 2.7.1 und stellt den rein kapazitiv influenzierten Fehlerstrom $I_{B,inf}$ dar, vergleiche Formel (2.129). Er ist der Kapazität zwischen den beiden Systemen und damit auch der Leitungslänge proportional. Diesem influenzierten Anteil überlagert sich bei Stromfluss im Nachbarsystem ein induktiv induzierter Anteil, der offenbar deutlich überproportional mit der Länge wächst. Auch hier bestätigt sich die aus dem einfachen Modell in Kapitel 2.7.1 gewonnene Erkenntnis in Gleichung (2.129), die für den induzierten Anteil eine quadratische Zunahme fordert.

Hinsichtlich des Fehlerortes, an dem die in Abbildung 3.27 dargestellten Maxima auftreten, lässt sich für die vorliegende Leitungsanordnung sagen, dass diese stets im Lastfall 1 und am Leitungsende auftreten. Der Grund ist, dass der Betragsverlauf aufgrund der im

Abschnitt 3.1.2 diskutierten Zeigerwinkel für Fall 1 von Beginn an ansteigt, während er im Lastfall 2 zunächst abfällt (vergleiche beispielsweise Bild 3.24b). Allerdings wird bei hohen Lastflüssen und großen Leitungslängen und in der Folge immer weiter zunehmender induktiver Längsspannung gemäß der Zeigerüberlegung in Bild 3.12 auf Seite 64 aber auch bei zunächst fallendem Betrag früher oder später ein Minimum erreicht, nach dessen Überschreiten der Betrag wieder zunimmt. Dies passiert bei der vorliegenden Leitung für die Größen im Minuspol früher als im Pluspol, sodass bei thermisch zulässiger Leistung in System 2 ab einer Leitungslänge von 250 km das Betragsmaximum von U_w und I_B dort auch im Lastfall 2 am Leitungsende zu finden ist. Abbildung 3.28 zeigt beispielhaft den Betragsverlauf von U_w über dem Fehlerort bei der Leitungslänge 350 km.

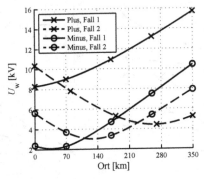

Abbildung 3.28: Wiederkehrende Spannung mit ausgeprägtem Betragsminimum bei hoher (therm. zul.) Last im Nachbarsystem und großer Leitungslänge

3.2 Drei D-Abschnitte mit unterbrochenen AC-Systemen

3.2.1 Beschreibung des Modells

Um das Modell Schritt für Schritt zu einer Anordnung zu erweitern, die der einer hybriden AC/DC-Trasse in der Realität nahe kommt, wird in diesem Kapitel statt eines einzelnen Abschnitts mit D-Mast eine Aneinanderreihung dreier jeweils 70 km langer D-Abschnitte betrachtet. Das DC-System läuft dabei ohne Unterbrechung über die gesamte Strecke von

210 km, während auf der anderen Mastseite jeweils über 70 km ein abgeschlossener AC-Stromkreis mit beidseitigen Quellen parallel läuft. Die Anordnung ist in Abbildung 3.29 schematisch dargestellt.

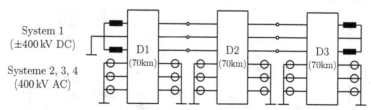

Abbildung 3.29: Schema für drei aneinander gehängte Abschnitte mit D-Mast

Die Spezifikation der AC-Quellen, die DC-Drosseln sowie die Leiteranordnung ist weiterhin wie in Kapitel 3.1, wobei auf der linken Mastseite nun nacheinander die Systeme 2, 3 und 4 angebracht sind. In allen AC-Systemen wird zu gleicher Zeit stets der gleiche Wert an übertragener Leistung eingestellt (etwa natürliche oder thermisch zulässige Leistung in allen Systemen). Hinsichtlich der möglichen Lastflussrichtungen muss jetzt zwischen $2^3 = 8$ Fällen unterschieden werden. Diese sind in Tabelle 3.3 aufgeführt.

Tabelle 3.3: Lastflussfälle bei drei D-Abschnitten mit unterbrochenen AC-Systemen
(+: Lastfluss von links nach rechts, −: Lastfluss von rechts nach links)

Fall Nr.	System 2	System 3	System 4
1	+	+	+
2	+	+	−
3	+	−	+
4	+	−	−
5	−	+	+
6	−	+	−
7	−	−	+
8	−	−	−

3.2.2 Ergebnisse

Längsspannung im Normalbetrieb

Abbildung 3.30 auf der nächsten Seite zeigt die Beträge der induzierten Längsspannungen über der Gleichspannungsleitung für die acht verschiedenen Lastfälle bei natürlicher bzw. thermisch zulässiger Last in den Systemen zwei bis vier und die zu thermisch zulässiger

Last gehörigen Zeiger. Wegen der Verschaltung des DC-Systems entspricht U_L auch hier wieder dem negativen der Potentialanhebung des rechten Sternpunktes.

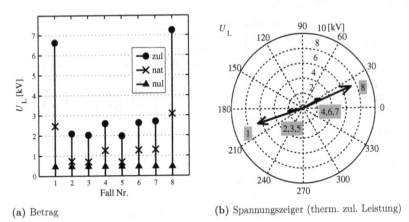

(a) Betrag   (b) Spannungszeiger (therm. zul. Leistung)

Abbildung 3.30: Im HGÜ-System induzierte Längsspannung U_L bei drei aufeinander folgenden D-Abschnitten

Es fällt auf, dass die Längsspannung bei den Fällen 1 und 8, d. h. dann wenn die Lastflussrichtung in allen AC-Systemen gleich ist, den höchsten Wert aufweist. Entsprechend dem Faktor 3 zwischen den Leitungslängen ist dies der dreifache Wert des 70 km langen D-Abschnitts aus Kapitel 3.1.5. Dies kann leicht mit der für die Längsspannung stets am stärksten ausschlaggebenden induktiven Einkopplung plausibel gemacht werden. Jeder Abschnitt mit gleicher Lastflussrichtung überträgt eine induktive Längsspannung gleicher Phasenlage, während umgekehrter Lastfluss zu um 180° gedrehter Phasenlage führt. Da die einzelnen Längsspannungen entlang der Leitung aufaddiert werden, resultiert jeweils die höchste Gesamtspannung bei übereinstimmenden Lastrichtungen.

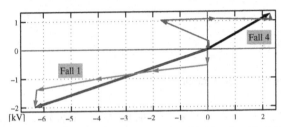

Abbildung 3.31: Zusammensetzung der Längsspannung U_L über dem Plusleiter (dunkel) aus den Spannungen über den Einzelabschnitten (hell) bei zul. Leistung

Abbildung 3.31 zeigt beispielhaft für die Fälle 1 und 4 im Pluspol die Addition der realen Spannungszeiger über den einzelnen Abschnitten zum Gesamtzeiger. Man erkennt, dass die tatsächlichen Längsspannungen über Abschnitten mit gegensätzlicher Lastflussrichtung im AC-System nicht genau um 180° versetzt sind. Der Grund ist, dass entlang der realen Leitung nicht allein die induktiv übertragenen Spannungen wirksam sind, sondern gleichzeitig die Spannungsabfälle aufgrund der Ausgleichsströme sowie der geringe kapazitive Beitrag zur Längsspannung, siehe Abschnitt 3.1.5.

Wiederkehrende Spannung

Die wiederkehrende Spannung, also die Phasenspannung eines von einem einpoligen Fehler betroffenen HGÜ-Leiters nach dessen Freischaltung (HGÜ-Konfiguration gemäß Abbildung 3.23 auf Seite 73) zeigt Bild 3.32 auf der nächsten Seite für zulässige Leistung in allen AC-Systemen. Der lastunabhängige, kapazitiv influenzierte Anteil ist zusätzlich als helle waagrechte Linie dargestellt und beträgt – da unabhängig von der Leitungslänge – wie beim 70 km langen D-Abschnitt (Bild 3.24) 9,7 kV für die Plus-Phase bzw. 3,5 kV für die Minus-Phase. Die zusätzlichen Längsanteile können weitgehend einfach aufaddiert werden. Genau genommen müssen jedoch Zeiger entsprechend Abbildung 3.12 auf Seite 64 addiert werden, was sich wie in Abschnitt 3.1.8 diskutiert bei hohen eingekoppelten Längsspannungen im Betragsverlauf nicht allgemeingültig als Anstieg oder Abfall auswirkt. Vor allem im Minusleiter erkennt man im Vergleich zum 70 km Abschnitt rundere Betragsverläufe. Ursächlich ist, dass sich der induktive Spannungszeiger hier in der gleichen Größenordnung befindet wie der kapazitive Spannungszeiger, wodurch die Ortskurve des Gesamtzeigers in einer Darstellung wie 3.12 auf Seite 64 ihre Lage zum Ursprung stark ändert. Bei übereinstimmenden Lastrichtungen sind die Betragsverläufe identisch mit einer Leitung gleicher Länge ohne Unterbrechung der AC-Systeme.

Sekundärer Kurzschlussstrom

Abbildung 3.33 auf der nächsten Seite zeigt den Verlauf des einpoligen Fehlerstroms aller acht Fälle bei zulässiger Leistung sowie zusätzlich wieder als helle Linie den Wert bei null Leistung. Er verhält sich qualitativ wieder analog der wiederkehrenden Spannung. Vergleicht man den allein kapazitiv influenzierten Anteil (helle durchgezogene Linie) mit dem entsprechenden Wert beim 70 km langen D-Abschnitt in Bild 3.25 sieht man, dass sich dieser Wert von 2,4 A auf 7,4 A im Pluspol bzw. von 1,0 A auf 2,8 A im Minuspol erhöht hat, was einem linearen Zusammenhang entspricht. Der Maximalwert hingegen ist mit

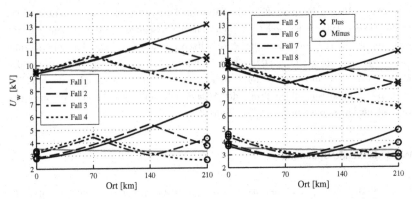

Abbildung 3.32: Wiederkehrende Spannung U_w in Abhängigkeit des Fehlerortes (zul. Leistung in System 2, helle Linie: null Leistung)

der Leitungslänge überproportional gestiegen. Diese Längenabhängigkeiten entsprechen den in Abschnitt 3.1.8 auf Seite 75 aufgezeigten Gesetzmäßigkeiten.

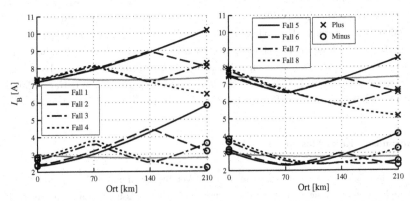

Abbildung 3.33: Einpoliger Fehlerstrom I_B in Abhängigkeit des Fehlerortes (zul. Leistung in System 2, helle Linie: null Leistung)

Fazit

Als Fazit zur Leitung mit unterbrochenen AC-Systemen kann festgehalten werden, dass der worst-case dem Fall mit gleichen Lastflussrichtungen in den Wechselspannungssystemen aller Einzelabschnitte entspricht. Welche Lastrichtung dies ist, hängt wie in den Kapiteln 3.1.2 und 3.1.6 gezeigt, von dem konkreten Mastbild und der Phasenanordnung ab. Bei übereinstimmenden Lastrichtungen sind die stationären Einkopplungen gleich denen bei einer ununterbrochenen AC-Leitung gleicher Gesamtlänge. Gemischte Lastrichtungen verringern die Maximalwerte der Koppelgrößen und sorgen dafür, dass diese gegebenenfalls nicht mehr an einem der Leitungsenden, sondern an einem Ort im Leitungsverlauf auftreten.

3.3 Parallelverlauf des AC-Systems auf einem Teilabschnitt

3.3.1 Beschreibung des Modells

In diesem Kapitel soll untersucht werden, wie sich die in das DC-System eingekoppelten Wechselgrößen verhalten, wenn das AC-System nur auf einer Teilstrecke parallel verläuft. Dazu werden bei dem Modell der 210 km langen Hybridleitung des vorigen Kapitels die AC-Systeme 3 und 4 entfernt wie Abbildung 3.34 zeigt. Alle übrigen Parameter bleiben unverändert. Die Diagramme auf Seite 85 zeigen die im DC-System eingekoppelte Längsspannung U_L und die wiederkehrende Spannung U_w sowie den sekundären Kurzschlussstrom I_B in Abhängigkeit des Fehlerortes.

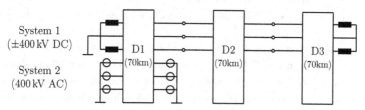

Abbildung 3.34: Leitungsschema mit D-Mast bei Parallelverlauf des AC-Systems nur über das erste Drittel

3.3.2 Ergebnisse

Wie Abbildung 3.35 im Vergleich mit Bild 3.18 auf Seite 70 zeigt, ist die über dem HGÜ-System induzierte Längsspannung und damit auch die Potentialanhebung des freien Sternpunkts am Leitungsende genau gleich wie beim 70 km langen D-Abschnitt. Unterschiedlich ist in diesem Betriebszustand lediglich die Höhe der Ausgleichsströme in den DC-Leitern, die wegen der dreifachen Schleifenimpedanz um den Faktor drei kleiner sind.

Die Verläufe von U_w und I_B in Abbildung 3.36 zeigen, dass der jeweils kapazitiv influenzierte Anteil (fein gestrichelt) auch bei der Einkopplung nur auf einem Teilabschnitt über dem gesamten Verlauf des DC-Systems konstant ist. Dieses verhält sich aufgrund der im Vergleich zu den kapazitiven Querimpedanzen vernachlässigbar kleinen Längsimpedanz wie eine langgestreckte Kondensatorelektrode mit konstantem Potential über die gesamte Länge. Der induktiv übertragene Anteil bewirkt nur auf der Teilstrecke mit parallelem AC-System eine Einkopplung einer Längsspannung und damit eine Variation von U_w und I_B, über der restlichen Leitungsstrecke ändern sich diese kaum. Zu Unstetigkeiten kann es bei den Verläufen grundsätzlich nicht kommen.

Vergleicht man die Darstellung der wiederkehrenden Spannung mit Abbildung 3.24 auf Seite 73 fällt auf, dass der kapazitiv influenzierte Anteil genau ein Drittel dessen ist, was beim 70 km langen D-Abschnitt beobachtet wurde. Dies lässt sich gut aus der hier dreifachen Länge des DC-Systems erklären: der influenzierte Anteil von U_w resultiert im Wesentlichen aus einem einfachen kapazitiven Spannungsteiler zwischen der Koppelkapazität C_g und der Leiter-Erde-Kapazität C_0 mit der allgemeinen Formel

$$U_{w\,\text{inf}} = U \frac{C_g}{C_0 + C_g}$$

vergleiche auch Formel (2.131). Bei diesem Masttyp gilt zudem $C_0 \gg C_g$, weshalb sich eine Verdreifachung von C_0 näherungsweise mit einem Faktor von 0,3 auf U_w auswirkt.

Beim sekundären Kurzschlussstrom hingegen bleibt der influenzierte Anteil offensichtlich gegenüber dem normalen D-Abschnitt unverändert (vgl. Abbildung 3.25). Auch dies ist anhand der vereinfachten Betrachtung in Kapitel 2.7.1 plausibel: durch den Kurzschluss wirken sich die Leiter-Erde-Kapazitäten praktisch nicht mehr aus, wie auch in Formel (2.128) erkennbar ist. Nur noch die unverändert gebliebene Koppelkapazität zum AC-System geht ein.

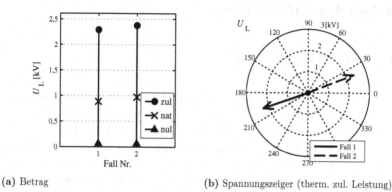

(a) Betrag

(b) Spannungszeiger (therm. zul. Leistung)

Abbildung 3.35: Im HGÜ-System induzierte Längsspannung U_L bei AC/DC-Einkopplung auf einem Teilabschnitt

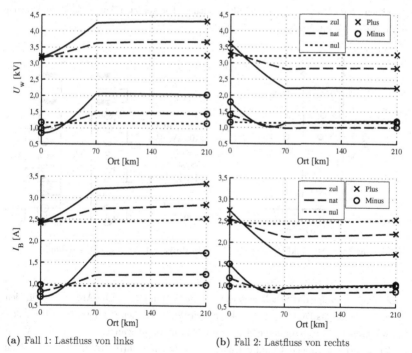

(a) Fall 1: Lastfluss von links

(b) Fall 2: Lastfluss von rechts

Abbildung 3.36: Wiederkehrenden Spannung U_w (oben) sekundärer Kurzschlussstrom (unten) bei AC/DC-Einkopplung auf einem Teilabschnitt

3.4 Einzelner DD-Abschnitt

3.4.1 Beschreibung des Modells

Ein im Hinblick auf die Bündelung von Leitungstrassen besonders vorteilhafter Masttyp ist der sogenannte DD-Mast. Er trägt wie in Abbildung 3.37 gezeigt insgesamt vier Höchstspannungssysteme in einer Doppeltonnen-Anordnung. Zur Begrenzung von Umweltauswirkungen durch elektromagnetische Felder, Funkstörspannungen und Geräuschentwicklung ist das DC-System auf den oberen beiden Traversen angebracht. Dabei liegen die aktiven Gleichspannungspole zusätzlich möglichst weit außen, um ausreichend hohe Isolationsabstände zu erreichen und um die Kopplungen zu den AC-Systemen zu verringern. [12] Während die Lage der DC-Leiter für die Untersuchung deshalb als gegeben angenommen werden, ist die im Bild dargestellte Anordnung der AC-Phasen nur eine von vielen Möglichkeiten bei unverdrillter Leitung. Die genauen Aufbaudaten finden sich in Tabelle A.2 im Anhang.

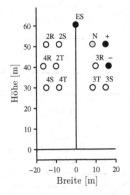

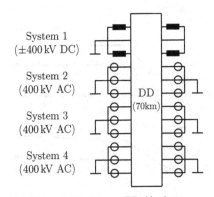

Abbildung 3.37: Mastbild DD-Typ   **Abbildung 3.38:** Schema DD-Abschnitt

Abbildung 3.38 zeigt das Schaltungsschema eines 70 km langen DD-Abschnitts, für den wiederum die in das DC-System eingekoppelten Wechselgrößen untersucht werden sollen. Die weiteren Leitungsparameter bleiben wie in den vorangegangenen Kapiteln. Es sind wieder die acht in Tabelle 3.4 auf der nächsten Seite aufgeführten Lastflussrichtungsfälle zu unterscheiden, wenn in allen AC-Systemen stets gleiche Lasthöhe angenommen wird (gilt auch für den noch in Kapitel 3.5 zu besprechenden AD-Masttyp).

Tabelle 3.4: Lastflussfälle beim DD- und AD-Abschnitt (+: Lastfluss von links nach rechts, −: Lastfluss von rechts nach links

Fall Nr.	System 2	System 3	System 4
1	+	+	+
2	+	+	−
3	+	−	+
4	+	−	−
5	−	+	+
6	−	+	−
7	−	−	+
8	−	−	−

3.4.2 Ergebnisse

In Abschnitt 3.1.3 wurde gezeigt, dass die von einem einzelnen AC-System übertragenen Zeigergrößen von der räumlichen Positionierung der einzelnen Phasen R, S und T abhängen. Sind die Leiterpositionen der drei Systemleiter durch den Mastaufbau festgelegt, können die Phasen immer noch auf sechs unterschiedliche Weisen angeordnet werden. Beim D-Masttyp mit nur einem AC-System zeigte sich, dass eine Rotation der Phasenanordnung lediglich zu einer Winkeldrehung aller Zeiger um 120° bei gleichen Betragsverhältnissen führt. Der Tausch zweier Phasen hat dagegen Unterschiede hinsichtlich der Phasenbeziehung zwischen induktivem und kapazitivem Anteil und auch hinsichtlich der Höhe der übertragenen Größen zur Folge. Diese Aussagen gelten auch beim DD-Mast für jedes einzelne AC-System. Da sich aber die Einflüsse dreier Wechselspannungssysteme überlagern, ergeben sich im Vergleich zum D-Mast eine hohe Zahl an Permutationen, welche unterschiedliche Koppelgrößen ins DC-System übertragen. Bei Festlegung der Systemanordnung beträgt die Gesamtzahl an Anordnungsmöglichkeiten $6^3 = 216$. Reduziert man diese auf solche mit unterschiedlichen Beträgen, erhält man wie beim D-Mast noch ein Drittel der Gesamtanzahl, hier also auf 72. All dies gilt genauso für den in Kapitel 3.5 noch zu besprechenden AD-Masttyp.

Längsspannung im Normalbetrieb

Über alle Phasen-Permutationen und Lastrichtungsfälle zeigt sich beim betrachteten DD-Mast im Normalbetrieb und bei zulässiger Leistung eine Spannbreite eingekoppelter Längsspannungen zwischen 3,45 kV und 8,27 kV. In Abbildung 3.39 auf der nächsten Seite sind die Längsspannungen für zwei Mastkonfigurationen dargestellt. Links eine der drei Konstellationen mit dem höchsten Maximalwert von 8,27 kV, rechts eine der drei

Permutationen mit der niedrigsten maximalen Längsspannung (6,46 kV). Es zeigt sich hier
deutlich, dass je nach Anordnung der AC-Phasen recht unterschiedliche Längsspannungen
bei gleichen Lastfällen zu beobachten sind.

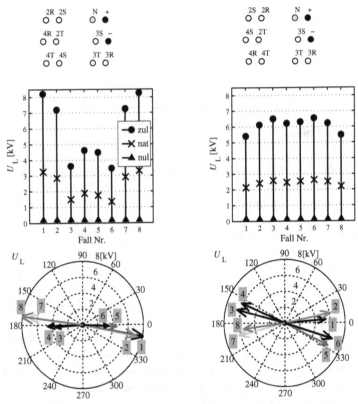

(a) Links: Beispiel mit höchster auftretender   (b) Rechts: Beispiel mit kleinster maximaler
    Längsspannung   Längsspannung

Abbildung 3.39: Beim DD-Masttyp eingekoppelte Längsspannungen U_L bei zwei
                    unterschiedlichen Anordnungen der AC-Phasen (Zeigerplots: zul. Leistung)

Vergleicht man die jeweils maximalen Werte der eingekoppelten Längsspannung überschlä-
gig mit denen des gleichlangen D-Typ-Abschnittes von Abschnitt 3.1.5 auf Seite 69 lässt
sich festhalten, dass diese beim DD-Typ im Bereich des zweieinhalb- bis dreieinhalbfachen
liegen. Entgegengesetzte Lastfälle wie beispielsweise 1 und 8, 2 und 7 haben wieder
annähernd gleichen Betrage und entgegengesetzte Phasenlage. Aufgrund der starken

Zweiteilung der Phasenlagen der Längsspannungen lässt sich beim Vergleich mit Tabelle 3.4 die Vermutung anstellen, dass das AC-System 3 auf der gleichen Mastseite wie das DC-System den stärksten Einfluss auf dieses ausübt, da die Zweiteilung der Lastrichtung in diesem System folgt.

Es mag auf den ersten Blick verwundern, dass sich nicht grundsätzlich die höchsten Einkopplungen bei den Fällen mit gleichen Lastrichtungen einstellen, wie dies bei den aneinander gehängten D-Abschnitten in Kapitel 3.2 der Fall war. Auch hier sei wieder an die Zeigeranalyse in Abschnitt 3.1.3 erinnert, in der sich zeigte, dass die Phasenlage des von einem bestimmten AC-System eingekoppelten Zeigers aufgrund des unsymmetrischen Aufbaus von der genauen Lage jeder einzelnen AC-Phase (R/S/T) zum betroffenen DC-Leiter abhängt. Zwar führt eine Stromrichtungsumkehr in einem System durchaus zu einem genau entgegengesetzten übertragenen Zeiger. Trotzdem kann es je nach Leiter- und Phasenanordnung auf dem Mast auch sein, dass sich die addierten Koppelzeiger aller Systeme gerade bei gleicher Lastrichtung eher aufheben als verstärken. Tendenziell scheint dies bei der Anordnung aus Abbildung 3.39b der Fall zu sein, da die geringsten Werte in den entsprechenden Fällen 1 und 8 auftreten.

Abbildung 3.40 zeigt die gemäß Abschnitt 2.3 berechneten, von den einzelnen AC-Systemen in leerlaufenden DC-Leitern induzierten Längsspannungen für die Anordnung in Abbildung 3.39b (Annahme symmetrischer Ströme, zul. Leistung, Lastfall 1). Wegen der Stromsymmetrie und fehlender Ausgleichsströme im DC-System ist die Darstellung wieder nicht unmittelbar mit Abbildung 3.39b vergleichbar, trotzdem bestätigt sie die oben angestellten Vermutungen. Bei gleich hohem Strom in den AC-Systemen induziert System 3 auf der gleichen Mastseite eine im Schnitt circa dreimal so hohe Längsspannung in den DC-Leitern wie die anderen. Soll auf einem Mast dieses Typs nur eine Teilbelegung erfolgen, sollten AC-Systeme hinsichtlich der induktiv übertragenen Längsspannung also bevorzugt auf der gegenüberliegenden Mastseite angebracht werden.

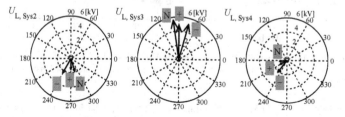

Abbildung 3.40: Von den einzelnen AC-Systemen des DD-Masttyps in leerlaufenden DC-Leitern induzierte Längsspannungen (zul. Leistung)

Wiederkehrende Spannung

Wie die im Normalbetrieb induzierte Längsspannung hängt auch die Höhe der wiederkehrenden Spannung bei Kurzunterbrechung von der Anordnung der AC-Phasen ab. Obwohl der kapazitiv influenzierte Anteil von U_w (Lastfluss null) vom Fehlerort unabhängig ist, weist bereits dieser über alle Anordnungen hinweg eine hohe Spannweite auf: im Minuspol 29,0 kV–35,8 kV, im Pluspol 13,4 kV–22,9 kV[12]. Bei unverdrillter Leitung kann also speziell beim DD-Mast allein durch Wahl einer günstigen Phasenpositionierung die wiederkehrende Spannung (und auch der sekundäre Kurzschlussstrom) deutlich beeinflusst werden. Unter Hinzunahme induktiver Spannungseinkopplung bei zulässiger Leistung in den AC-Systemen ergeben sich für die 70 km lange Leitung nur leicht vergrößerte Spannweiten von 27,9 kV bis 36,9 kV im Minusleiter und 11,6 kV bis 24,0 kV im Plusleiter. Bei der hier untersuchten verhältnismäßig kurzen Leitungslänge spielt der induktive Anteil an der wiederkehrenden Spannung offenbar auch wieder nur eine kleine Rolle. Abbildung 3.41 zeigt beispielhaft die Verläufe der wiederkehrenden Spannung in Abhängigkeit des Fehlerortes für die Anordnung aus Bild 3.39a.

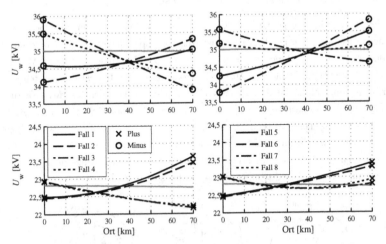

Abbildung 3.41: Wiederkehrende Spannung in Abhk. des Fehlerortes bei zul. Leistung, links: Fälle 1–4, rechts: Fälle 5–8, jeweils als helle Linie: null Leistung (DD-Typ)

Der Vergleich mit dem D-Mast (Abbildung 3.24 auf Seite 73) macht deutlich, dass vor allem die kapazitive Einkopplung während einpoliger Kurzunterbrechung beim DD-Typ um ein

---

[12]Vergleiche Kapitel 3.6 auf Seite 97 für eine vergleichende Visualisierung dieser Daten für alle drei Masttypen.

Vielfaches höher liegt. Mit Werten von mindestens 29 kV im am stärksten betroffenen DC-Leiter liegt diese um einen Faktor von 3 bis 3,5 oberhalb derer des D-Mastes mit nur 9,7 kV. Der Grund dafür ist vor allem das vergleichsweise sehr nahe gelegene 400 kV AC-System Nummer 3 mit entsprechend großen Koppelkapazitäten zu den DC-Leitern, insbesondere dem Minusleiter. Dem gegenüber stehen geringere Erdkapazitäten der besonders weit vom Erdboden entfernt angebrachten HGÜ-Pole, was den kapazitiven Spannungsteiler nochmals in Richtung höherer Einkopplungen verschiebt.

Sekundärer Kurzschlussstrom

Je nach Leiteranordnung sind bei dem betrachteten Leitungsmodell kapazitiv influenzierte sekundäre Kurzschlussströme zwischen 7,95 und 9,80 A im stärker beeinflussten Minusleiter und zwischen 3,53 A und 6,04 A im Plusleiter zu verzeichnen. Bei zulässiger Leistung in den AC-Systemen betragen die Minimal- und Maximalwerte 7,62 A und 10,11 A (Minusleiter) bzw. 3,05 A und 6,35 A (Plusleiter). Damit liegen die Werte im stärker betroffenen DC-Leiter wiederum etwa im Bereich des drei- bis vierfachen dessen, was beim D-Masttyp gleicher Länge vorlag (vgl. Abbildung 3.25). Bild 3.42 zeigt beispielhaft Verläufe für die Konstellation von Abbildung 3.39a.

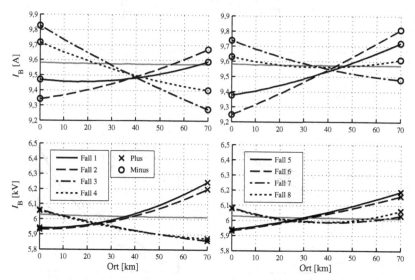

Abbildung 3.42: Sekundärer Kurzschlussstrom in Abhk. des Fehlerortes bei zul. Leistung, links: Fälle 1–4, rechts: Fälle 5–8, jew. helle Linie: null Leistung (DD-Typ)

Koppelgrößen in Abhängigkeit von der Leitungslänge

Die im Abschnitt 3.1.8 auf Seite 75 beobachteten Charakteristiken der Abhängigkeit der ins DC-System eingekoppelten Größen gelten qualitativ für alle Masttypen. Die gerade gezeigten Auswertungen haben allerdings gezeigt, dass der DD-Masttyp wesentlich stärkere Einkopplungen zur Folge hat als der D-Mast. Die Abbildungen 3.43 und 3.44 zeigen deshalb, welche Werte die übertragenen Spannungen und Ströme bei einer unverdrillten Leitung mit DD-Mast größerer Länge erreichen können.

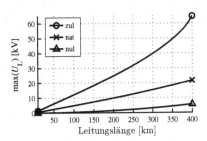

Abbildung 3.43: Maximale Längsspannung U_L in Abhängigkeit der Leitungslänge (DD-Typ)

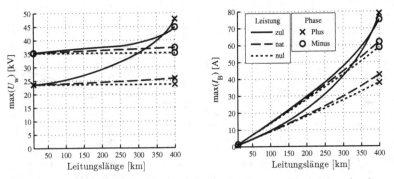

Abbildung 3.44: Maximalwerte der wiederkehrenden Spannung U_w und des sekundären Kurzschlussstromes I_B in Abhängigkeit der Leitungslänge (DD-Typ)

3.5 Einzelner AD-Abschnitt

3.5.1 Beschreibung des Modells

Ein weiterer Masttyp, der bei Hybridleitungen zum Einsatz kommen könnte, ist der in Abbildung 3.45 dargestellte AD-Typ. Bei ihm ist auf beiden Mastseiten je ein Höchstspannungssystem im Dreieck angebracht sowie zusätzlich unterlagert jeweils ein 110 kV-Hochspannungssystem in ebener Anordnung. Die abgebildete Anordnung der DC-Pole wird als fix angenommen. Die genauen Aufbaudaten finden sich in Tabelle A.3 im Anhang.

Abbildung 3.46 stellt das untersuchte Modell schematisch dar. Die beiden Höchstspannungssysteme bleiben gegenüber den vorangegangenen Kapiteln unverändert. Die Quellenimpedanzen der 110 kV Systeme wurden für eine Netzkurzschlussleistung von 5 GVA und einem R/X-Verhältnis von 0,1 gewählt. Für die Bestimmung der Winkel dieser Quellen nach Formel (3.1) wurde ein Leitungsreaktanzbelag von 0,388 Ω/km angenommen. Natürlicher Leistung entspricht bei den 110 kV Systemen 32 MW, thermisch zulässiger Leistung 120 MW. Hinsichtlich der Lastrichtungsfälle gilt wieder Tabelle 3.4 auf Seite 87. Es werden die gleichen Untersuchungen angestellt wie beim DD-Masttyp.

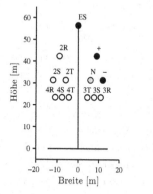

Abbildung 3.45: Mastbild AD-Typ

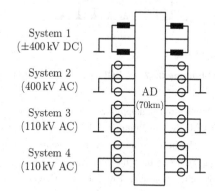

Abbildung 3.46: Schema AD-Abschnitt

3.5.2 Ergebnisse

Wie zu Beginn von Kapitel 3.4.2 erläutert, können auch beim AD-Masttyp 72 Permutationen der AC-Phasenleiter unterschieden werden, die unterschiedliche Koppelgrößen im

DC-System auslösen. Deshalb werden für diese jeweils wieder Minimal- und Maximalwerte angegeben.

Längsspannung im Normalbetrieb

Die Werte der bei zulässiger Leistung im Normalbetrieb eingekoppelten Längsspannung reichen über alle Anordnungen und Lastfälle von 1,4 kV bis 3,0 kV. Dies liegt etwa im Bereich des D-Abschnitts gleicher Länge mit ca. 2,4 kV (Abbildung 3.18a) und deutlich unterhalb des DD-Abschnitts mit 3,45 kV bis 8,27 kV. Abbildung 3.47 zeigt Werte für eine Anordnung mit den Maximalwerten.

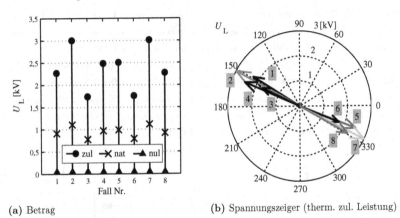

(a) Betrag   (b) Spannungszeiger (therm. zul. Leistung)

Abbildung 3.47: Im HGÜ-System induzierte Längsspannung U_L (AD-Typ, 1×70 km)

Die stärksten Einkopplungen in das Gleichspannungssystem verursacht bei diesem Masttyp das AC-System Nummer 2. Dies liegt an der mit 400 kV gegenüber den Systemen 3 und 4 (110 kV) beträchtlich höheren Phasenspannung und den deutlich größeren Strömen, die beispielsweise bei zulässiger Leistung gut 2000 A gegenüber nur gut 600 A in den 110 kV Systemen betragen. Eine isolierte Berechnung der übertragenen Längsspannungen auf freilaufende DC-Leiter (vgl. Abbildung 3.40) ergibt eine im Mittel ca. 5 bis 8 mal höhere induktive Einkopplung dieses Systems.

Wiederkehrende Spannung

Die Berechnung der stationären wiederkehrenden Spannung bei null Lastfluss in den AC-Systemen (rein kapazitiv influenzierter Anteil), ergibt je nach Anordnung der AC-

Phasen und Lastrichtungsfall Werte zwischen 1,0 kV und 7,5 kV im Minuspol und 14,9 kV bis 16,2 kV im Pluspol. Am deutlichen Unterschied der beiden Pole wird wieder der abschirmende Effekt geerdeter Leiter deutlich, wenn diese im Mastbild zwischen den AC-Systemen und dem betroffenen Leiter liegen (vgl. Abbildung 3.45). Bei zusätzlich thermisch zulässiger Last in allen AC-Systemen ist die Spannweite der wiederkehrenden Spannung 0,3 kV–8,1 kV im Minusleiter und 14,1 kV bis 16,8 kV im Plusleiter. Abbildung 3.48 zeigt die Verläufe von U_w bei der Phasenanordnung, die auch für Abbildung 3.47 herangezogen wurde (maximale Längsspannung).

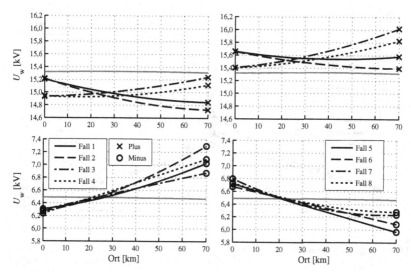

Abbildung 3.48: Wiederkehrende Spannung in Abhk. des Fehlerortes bei zul. Leistung, links: Fälle 1–4, rechts: Fälle 5–8, zusätzlich als helle Linie: null Leistung (AD-Typ)

Diese Werte sind im Vergleich zum DD-Mast deutlich geringer. Ausschlaggebend ist vor allem der kapazitiv influenzierte Anteil, welcher zudem von der Leitungslänge unabhängig ist und damit einen allgemeingültigeren Vergleich zwischen den Masttypen zulässt. Dessen Wert für den jeweils stärker betroffenen DC-Pol betrug beim DD-Mast 29,0 kV bis 35,8 kV, gegenüber nur 14,9 kV bis 16,2 kV hier. Der entsprechende Wert beim D-Mast ist 9,7 kV. Bei Bezug auf die D-Masten kann für diese Größe beim AD-Mast eine Erhöhung um 54–67 %, beim DD-Masten um 300–370 % festgestellt werden.

Sekundärer Kurzschlussstrom

Die Höhe des sekundären Kurzschlussstroms liegt beim untersuchten AD-Mast für null
Leistung je nach Anordnung der AC-Phasen zwischen 3,7 A bis 4,0 A (Plusleiter) bzw.
0,3 A bis 2,1 A (Minusleiter). Bei zulässiger Leistung ergeben sich Spannweiten von 3,5 A
bis 4,2 A (Plusleiter) bzw. 0,1 A bis 2,3 A (Minusleiter). In Abbildung 3.49 sieht man die
Verläufe zum gleichen Mastbild wie das der Abbildungen 3.47 und 3.48.

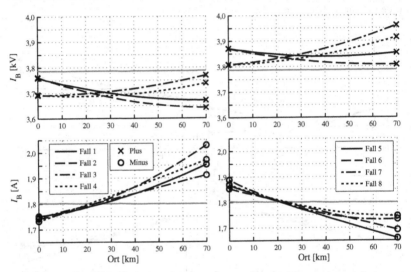

Abbildung 3.49: Sekundärer Kurzschlussstrom in Abhk. des Fehlerortes bei zul. Leistung,
links: Fälle 1–4, rechts: Fälle 5–8, jew. helle Linie: null Leistung (AD-Typ)

Auch hier lässt sich der Vergleich mit den anderen beiden Masttypen am besten über den
kapazitiv hervorgerufenen Anteil anstellen. Dieser steigt gemäß Abschnitt 3.1.8 linear mit
der Leitungslänge. Jeweils im stärker betroffenen DC-Leiter ergab sich beim D-Typ ein
Wert von 2,4 A, beim AD-Typ eine Spanne von 3,7 A–4,0 A und beim DD-Typ 8,0 A–9,8 A.
Bei Bezug auf den D-Typ entspricht dies in Prozent Anstiegen von 54–66 % (AD-Typ)
und 330–410 % (DD-Typ).

Koppelgrößen in Abhängigkeit von der Leitungslänge

Auch für den AD-Mast soll abschließend die Abhängigkeit von U_L, U_w und I_B von der
Leitungslänge dargestellt werden. Ab 250 km ist allerdings in den 110 kV Systemen die

Übertragung der thermisch-zulässigen Leistung nicht mehr möglich, da die Winkeldifferenz der Quellen bereits 90° erreicht. In diesen Systemen wird deshalb ab diesem Punkt nur noch die jeweils maximal mögliche Leistung übertragen, was den leichten Knick in den Kurven erklärt.

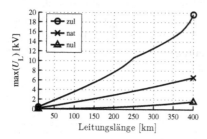

Abbildung 3.50: Maximale Längsspannung U_L in Abhängigkeit der Leitungslänge (AD-Typ)

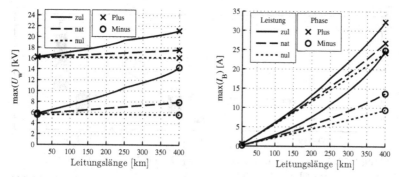

Abbildung 3.51: Maximalwerte der wiederkehrenden Spannung U_w und des sekundären Kurzschlussstromes I_B in Abhängigkeit der Leitungslänge (AD-Typ)

3.6 Vergleich der drei Masttypen

Um die Ergebnisse der drei analysierten Masttypen nochmal übersichtlich miteinander vergleichen zu können sind in den Abbildungen 3.52, 3.53 und 3.54 die Bereiche der berechneten Größen als Balken gegenübergestellt. Die Balken stellen dabei eine Zusammenfassung der Werte aller Lastfälle und AC-Phasenpermutationen dar. Der jeweils untere Wert ist der Minimalwert der entsprechenden Größe, der über alle Phasenanordnungen und Lastfälle beobachtet werden konnte. Bei U_w und I_B führt zusätzlich die Abhängigkeit der Werte vom Fehlerort zu einer bestimmten Spannweite. Entsprechend ist der obere Wert, der Maximalwert, sozusagen der Worst Case bei ungünstigstem Leitungsaufbau, Lastfall und ggf. Fehlerort. Der zusätzliche Querstrich innerhalb der Balken gibt den niedrigsten Maximalwert der Größe über alle Permutationen, also den Maximalwert bei günstigst-möglicher Phasenanordnung an. Im Hinterkopf zu behalten ist, dass die dargestellten Daten für eine Leitungslänge von 70 km gelten. Die Abhängigkeiten von der Leitungslänge wurden in Kapitel 3.1.8 und jeweils am Ende des Kapitels zum DD- und AD-Abschnitt dargestellt.

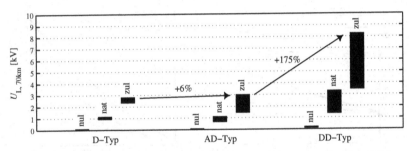

Abbildung 3.52: Vergleich der Längsspannungen U_L der drei Masttypen D, AD und DD (Leitungslänge 70 km)

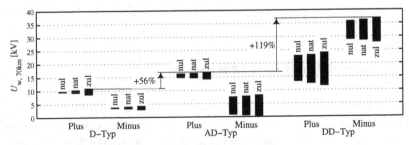

Abbildung 3.53: Vergleich der wiederkehrenden Spannungen U_w der drei Masttypen D, AD und DD (Leitungslänge 70 km)

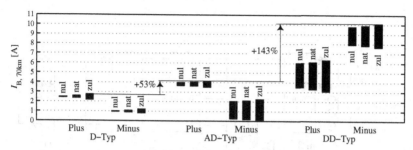

Abbildung 3.54: Vergleich des sekundären Kurzschlussstroms I_B der drei Masttypen D, AD und DD (Leitungslänge 70 km)

3.7 Analyse einer gemischten Hybridleitung

3.7.1 Beschreibung des Modells

Es soll nun ein Modell untersucht werden, das einer realen Hybridleitung entsprechen könnte. Dieses ist in Abbildung 3.55 auf der nächsten Seite schematisch dargestellt. Es setzt sich aus fünf Abschnitten mit einer Länge von jeweils 70 km zusammen. Die Abschnittsnamen D1, DD, D2, AD und D3 weisen darauf hin, dass es sich um drei Abschnitte mit D-Masttyp, sowie jeweils einen mit DD-Typ und AD-Typ handelt. Nur das HGÜ-System (System 1) sowie ein 400 kV AC-System (System 2) laufen über die Gesamtlänge von 350 km. Die 400 kV AC-Systeme 3 und 4 sind diesen während des DD-Abschnitts im Mastbild unterlagert, entsprechend die 110 kV Systeme 5 und 6 während des AD-Abschnitts.

Die Daten der AC-Quellen bleiben wie in den vorangegangenen Kapiteln. Bei nun insgesamt fünf AC-Systemen ergeben sich $2^5 = 32$ unterschiedliche Lastrichtungsfälle. Diese sind in Tabelle 3.5 auf der nächsten Seite dargestellt.

Wie bei allen Untersuchungen bisher hängen die eingekoppelten Größen von der Anordnung der AC-Phasen in allen Querschnitten der Leitung ab. Für U_L, U_w und I_B können deshalb nur Minimal- und Maximalwerte für die gegebene Abfolge von Masttypen angegeben und beispielhaft die Daten für bestimmte Anordnungen aufgetragen werden. Als Beispielfall soll in diesem Kapitel eine Leitung mit Phasenanordnungen entsprechend der Mastbilder in den Abbildungen 3.1 auf Seite 54, 3.37 auf Seite 86 und 3.45 auf Seite 93 dienen.

Für die Angabe der Maximal- und Minimalwerte im folgenden Kapitel wurden nicht alle denkbaren Permutationen der AC-Phasen herangezogen. So wurde die Anordnung der

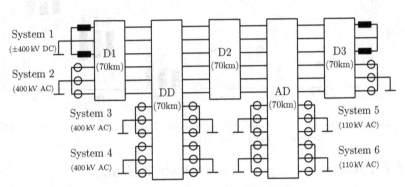

Abbildung 3.55: Schema des Modells einer gemischten Hybridleitung

Tabelle 3.5: Lastflussfälle bei der gemischten Hybridleitung (+: Lastfluss von links nach rechts)

Fall Nr.	System 2	3	4	5	6	Fall Nr.	System 2	3	4	5	6
1	+	+	+	+	+	17	−	+	+	+	+
2	+	+	+	+	−	18	−	+	+	+	−
3	+	+	+	−	+	19	−	+	+	−	+
4	+	+	+	−	−	20	−	+	+	−	−
5	+	+	−	+	+	21	−	+	−	+	+
6	+	+	−	+	−	22	−	+	−	+	−
7	+	+	−	−	+	23	−	+	−	−	+
8	+	+	−	−	−	24	−	+	−	−	−
9	+	−	+	+	+	25	−	−	+	+	+
10	+	−	+	+	−	26	−	−	+	+	−
11	+	−	+	−	+	27	−	−	+	−	+
12	+	−	+	−	−	28	−	−	+	−	−
13	+	−	−	+	+	29	−	−	−	+	+
14	+	−	−	+	−	30	−	−	−	+	−
15	+	−	−	−	+	31	−	−	−	−	+
16	+	−	−	−	−	32	−	−	−	−	−

einzelnen AC-Systeme, d.h. die Positionen an denen sich die drei Leiterseile eines solchen befinden, gegenüber den genannten Abbildungen nicht variiert (die Phasenanordnung innerhalb der Systeme aber schon!). Außerdem wurden die Phasenpositionen des über 350 km laufenden Systems 2 über alle Abschnitten hinweg gleich gelassen, für dieses System allein also wie für die anderen sechs unterschiedliche Anordnungen betrachtet. Zum einen konnte damit die Zahl der zu untersuchenden Permutationen von über zehntausend auf 2592 verringert werden, zum anderen würde ein Tauschen der Positionen einer Verdrillung entsprechen, welche erst in Kapitel 3.8 gesondert untersucht werden soll.

3.7.2 Ergebnisse

Längsspannung im Normalbetrieb

Berechnet man die stationär eingekoppelten Längsspannungen im Normalbetrieb der Hybridleitung ergeben sich für die 32 Lastfälle bei der Beispielkonfiguration Werte gemäß Abbildung 3.56. Anhand deren Verteilung über den Lastfällen lassen sich einige Beobachtungen machen.

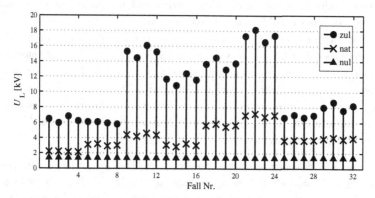

Abbildung 3.56: Betrag der bei der gemischten Hybridleitung im HGÜ-System induzierten Längsspannung U_L

Betrachtet man die Liste der Lastfälle in Tabelle 3.5 sieht man, dass die Lastflussrichtungen darin quasi an der Tabellenmitte gespiegelt entgegengesetzt sortiert sind (Fall 16 ist das Gegenstück zu Fall 17, 15 zu 18 usw.). In der Auftragung der eingekoppelten Längsspannungen drückt sich dies ebenfalls durch eine Spiegelung des qualitativen Verhaltens an der Mitte der Ordinate (Fälle) aus. Dies entspricht der bereits in Kapitel 3.1.2

gemachten Beobachtung, dass entgegengesetzter Lastfluss zu gleich hohen, aber um 180°
gedrehten induktiven Koppelgrößen führt. Der trotzdem vorhandene Unterschied im
Betrag konnte in Kapitel 3.1.5 auf die stets gleiche Winkellage der zusätzliche Einwir-
kung der influenzierten Komponente auf die Längsspannung bei einseitigen Erdung des
DC-Systems zurückgeführt werden (vgl. das Prinzip-Ersatzschaltbild in Abbildung 3.19
auf Seite 70).

Die in Bild 3.56 sichtbare Aufteilung der Beträge in Vierergruppen weist darauf hin, dass
die Lastrichtung in den 110 kV Systemen 5 und 6 die Längsspannung nur relativ wenig
beeinflusst (vgl. die letzten beiden Spalten in Tabelle 3.5). Dies ist wenig verwunderlich
aufgrund deren vergleichsweise niedriger Ströme sowie der Tatsache, dass diese nur auf
einem Teilstück von 70 km einkoppeln.

Weiterhin erkennt man eine Zweiteilung der Werte zwischen den Fällen 9 bis 24 gegenüber den anderen. Daran lässt sich ablesen, dass die Systeme 2 und 3 den größten
Einfluss haben, da das Verhältnis ihrer Lastflussrichtungen diesen Unterschied hervorruft:
bei der untersuchten Leitungskonfiguration ergeben sich hohe Koppelspannungen bei
entgegengesetztem Lastfluss in diesen Systemen und niedrige bei gleichsinniger Fluss-
richtung. Auch diese Feststellung ist nicht überraschend, da System 2 über die gesamte
Leitungslänge auf das DC-System einwirkt und sich System 3 in dem Masttyp mit der
höchsten längenbezogenen Beeinflussung befindet und dort wiederum an der Position
mit dem stärksten Einfluss (siehe Kapitel 3.4). Es sei aber nochmal darauf hingewiesen,
dass für das untersuchte Leitungsmodell allgemein nur der starke Einfluss dieser Systeme
festgestellt werden kann. Bei welchen Lastfällen sich ihre Einflüsse gleichsinnig überlagern
hängt jeweils von der konkreten Phasenanordnung auf den Masten ab, sodass es auch
Konfigurationen gibt, bei denen gleichsinniger Leistungsfluss in System 2 und 3 zu den
größten Längsspannungen führt.

Abbildung 3.57 visualisiert die Bereiche auftretender Längsspannungen über die gemäß
Abschnitt 3.7.1 untersuchten Phasenanordnungen der AC-Systeme. Bei der ungünstigsten
Phasenanordnung treten bei zulässiger Leistung maximal 22,2 kV auf, wohingegen die
Anordnung mit der geringsten Gesamt-Längseinkopplung zu maximal 15,1 kV führt. Dies
entspricht einer Verringerung um 32 %.

Wiederkehrende Spannung

Die Diagramme in Abbildung 3.59 auf Seite 105 zeigen die Verläufe der wiederkehrenden
Spannung über der Leitung für die Beispielanordnung. Dabei sind von oben nach unten die

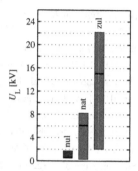

Abbildung 3.57: Bereiche der Längsspannung über alle Phasenanordnungen der AC-Systeme; zusätzlicher Strich innerhalb der Balken: Wert für die Phasenanordnung mit dem niedrigsten Maximum

Werte des Plusleiters bei thermisch zulässiger und natürlicher Leistung, des Minusleiters bei zulässiger und natürlicher Leistung, sowie beider Leiter bei Lastfluss null (rein kapazitive Einkopplung) aufgetragen.

Bei Lastfluss null in den AC-Systemen stellt sich wieder über der gesamten Strecke eine annähernd konstante wiederkehrende Spannung ein. Mit zunehmendem Lastfluss erfolgt ein immer stärkeres Auffächern der Verläufe vor allem zum Leitungsende ohne Erdung des DC-Systems hin, wie es ähnlich bereits in vorangegangenen Kapiteln beobachtet wurde. Auch werden bei Stromfluss in den Nachbarsystemen die Übergänge zwischen Abschnitten mit unterschiedlichem Masttyp in den Verläufen sichtbar. Da die lokal vorliegende induktive Einkopplung die Steigung des Betragsverlaufs im jeweiligen Abschnitt bestimmt (vgl. Kapitel 3.3) und die Winkellage eingekoppelter (Längs-)Spannungen wiederum von der Lage der Phasenleiter im Leitungsquerschnitt abhängt (vgl. Kapitel 3.1.3), treten bei Änderung des Masttyps deutliche Knicke im Betragsverlauf auf. Wie auch schon in Kapitel 3.2, wo ebenfalls mehrere unterschiedliche AC-Systeme entlang der HGÜ-Trasse vorlagen, führt dies dazu, dass der Maximalwert nicht bei allen Lastrichtungsfällen an einem der Leitungsenden auftritt. Stattdessen kann der kritischste Fehlerort dann auch bei einem Abschnittswechsel zu finden sein. Bei der vorliegenden Leitung liegt dieser Punkt immer an einem der Enden des DD-Abschnitts als demjenigen, der von allen Abschnitten die höchste induktive Beeinflussung verursacht.

Wie bei den Längsspannungen macht die klare Aufteilung in Vierergruppen der Verläufe von U_w den geringen Einflusses der 110 kV Systeme deutlich. Besonders beim Pluspol kann man auch wieder das gespiegelte Verhalten entgegengesetzter Lastfälle sehen, wie beispielsweise der Fallgruppen 1–4 und 20–32.

Abbildung 3.58a zeigt die Spannweiten von U_w in den beiden HGÜ-Polen über alle Anordnungspermutationen der AC-Leiter hinweg. Es fällt auf, dass beim DD-Masttyp bereits von $U_{w,\text{inf}}$ (kapazitiv influenziert) über alle Phasenanordnungen beträgt 5,9 kV bis 13,6 kV für den Plusleiter und 2,4 kV bis 10,5 kV für den Minusleiter. Bei zulässiger Leistung in den AC-Systemen tritt im Pluspol global maximal eine wiederkehrende Spannung von 22,1 kV auf, im Minuspol maximal 19,7 kV. Fragt man nur nach dem maximalen Wert von U_w für jede Permutation, betragen die Spannweiten immer noch 14,0 kV–22,1 kV (Pluspol) und 12,5 kV–19,7 kV (Minuspol). Bei fehlender Leitungsverdrillung kann also alleine durch die Wahl der günstigsten Anordnung der AC-Leiter der maximale Wert der stationären wiederkehrenden Spannung um 37 % (22,1 kV–14,0 kV) verringert werden. In Abbildung 3.58a sind die auftretenden Bereiche graphisch dargestellt.

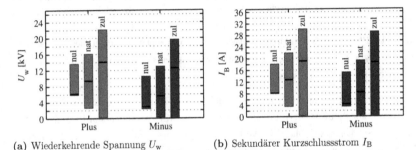

(a) Wiederkehrende Spannung U_w (b) Sekundärer Kurzschlussstrom I_B

Abbildung 3.58: Bereiche von U_w und I_B über alle Phasenanordnungen der AC-Systeme; Strich innerhalb der Balken: niedrigstes Maximum

Sekundärer Kurzschlussstrom

Zur Verringerung numerischer Berechnungsfehler wurde bei diesem komplexeren Leitungsmodell für den Fehlerwiderstand 0,01 Ω anstatt wie bisher 0,001 Ω gewählt. Auf den Wert des sekundären Fehlerstroms hat dies jedoch quasi keine Auswirkung da die weit höheren Impedanzen der Leiter-Erde- und Leiter-Leiter-Kapazitäten im Fehlerkreis diesen weit mehr bestimmen. Abbildung 3.60 auf Seite 106 zeigt analog zu der Darstellung der wiederkehrenden Spannung den Betrag des sekundären Kurzschlussstroms in Abhängigkeit des Fehlerortes für die Beispielleitung. Aufgrund der qualitativ ähnlichen Verläufe lassen sich an ihm prinzipiell die gleichen Charakteristiken wie bei U_w erkennen.

Abbildung 3.58b visualisiert die Spannweiten beobachtbarer sekundärer Kurzschlussströme über alle AC-Phasenanordnungen hinweg. So werden im Plusleiter rein kapazitive

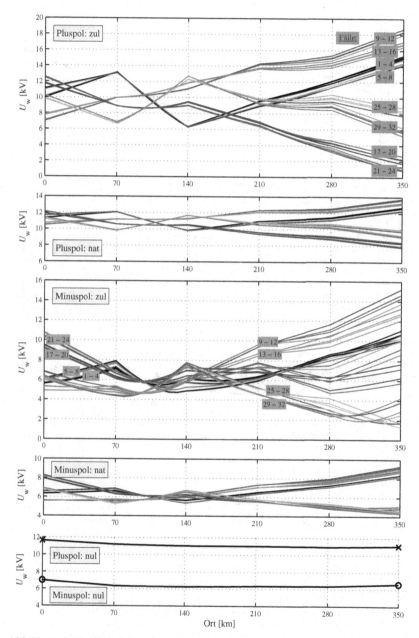

Abbildung 3.59: Wiederkehrende Spannung in Abhängigkeit des Fehlerortes bei der gemischten Hybridleitung nach Abbildung 3.55

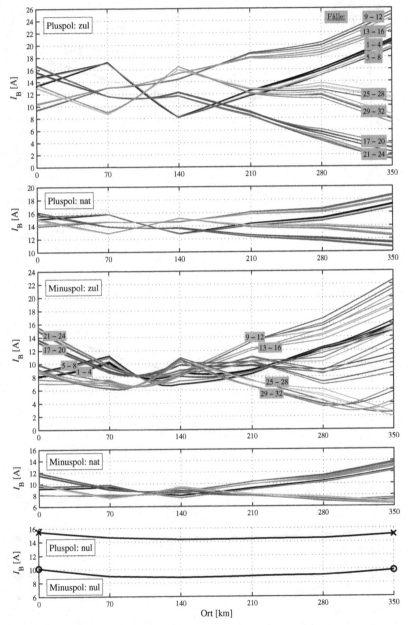

Abbildung 3.60: Sekundärer Kurzschlussstrom in Abhängigkeit des Fehlerortes bei der
gemischten Hybridleitung

Ströme zwischen 8,0 A und 18,1 A, im Minusleiter zwischen 3,4 und 15,1 kV influenziert. Zulässige Belastung der AC-Systeme führt wegen der Auffächerung der Verläufe zu Werten von I_B von 0,4 A–30,1 A (Pluspol) und 0,0 A–29,2 A (Minuspol). Interessiert für jede Phasenanordnung nur der maximal auftretende Wert, lauten die Spannweiten 19,1 A–30,1 A (Pluspol) und 18,6 A–29,2 A (Minuspol). Zwischen ungünstigstem und günstigstem Aufbau liegen 36 %.

3.8 Hybridleitung mit teilweiser Verdrillung

Nachdem bisher im Sinne einer Worst Case Betrachtung auf jegliche Verdrillung verzichtet wurde, soll zum Abschluss die Auswirkung dieser Maßnahme auf die Koppelgrößen bei der in Kapitel 3.7 behandelten gemischten Hybridleitung (in der Beispielkonfiguration) betrachtet werden. Da Verdrillung für gewöhnlich erst bei größeren Leitungslängen angewandt wird, soll ausschließlich System 2, das Wechselspannungssystem das über die vollen 350 km parallel verläuft, verdrillt werden. Im MATLAB-Modell kann entweder im Sinne einer idealen Verdrillung mit mittleren Leiterabständen entlang der gesamten Leitung gerechnet, oder durch „manuelle" Rotation der Phasenanordnung in den unterschiedlichen Abschnitten eine die Realität besser beschreibende diskrete Verdrillung realisiert werden. Im Folgenden werden die Berechnungsergebnisse für beide Varianten miteinander verglichen.

Die Verdrillungsstellen für die diskrete Verdrillung wurden dabei in der Mitte des DD-Abschnitts und in der Mitte des AD-Abschnitts gewählt. Im ersten Verdrillungsabschnitt bis Kilometer 105 ist die Phasenfolge von System 2 wie in Abbildung 3.1 auf Seite 54 (D-Teil) bzw. wie in Abbildung 3.37 auf Seite 86 (DD-Teil). Für die beiden folgenden wird jeweils gemäß R→S→T→R rotiert.

Ergebnisse

Längsspannung im Normalbetrieb

Abbildung 3.61 zeigt die übertragene Längsspannung im HGÜ-System bei diskreter (oben) und idealer Verdrillung (unten) von System 2. Der Vergleich mit Bild 3.56 zeigt deutliche Verringerung der im Normalbetrieb übertragenen Längsspannung. Die erhöhten Werte der Fälle 5–12 und 21–28 weisen darauf hin, dass bei diskreter Verdrillung durch den verringerten Einfluss von System 2 nun das Verhältnis der Lastrichtungen der beiden

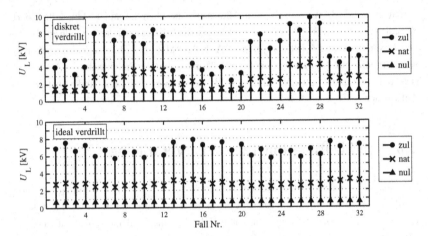

Abbildung 3.61: Längsspannung U_L bei diskreter (oben) und idealer Verdrillung (unten) von System 2

verbleibenden 400 kV Systeme 3 und 4 die Höhe der Längsspannung bestimmt (vgl. Tabelle 3.5 auf Seite 100). Bei idealer Verdrillung unterscheidet sich U_L nur noch wenig bei unterschiedlichen Lastflussrichtungen. Dass der Einfluss von System 2 bei idealer Verdrillung vollständig ausgeschaltet wird (Entkopplung im Mit- und Gegensystem, siehe Kapitel 2.2.5) erkennt man daran, dass die Fälle 1–16 exakt den Fällen 17–32 entsprechen, wie dem Diagramm und Tabelle 3.5 entnommen werden kann.

Abbildung 3.62 auf der nächsten Seite zeigt die Bereiche, in denen sich U_L bei der untersuchten Leitung in Abhängigkeit der AC-Phasenanordnungen bewegen kann. Die Verdrillung des einflussreichsten Systems führt zu einer Verringerung der übertragenen Längsspannung um 40–50 %. Bei Rechnung mit idealer Verdrillung ergibt sich nochmal eine Reduktion um 20 %.

Wiederkehrende Spannung

Die Diagramme in Abbildung 3.63 auf Seite 111 zeigen die Verläufe von U_w zum Vergleich zwischen unverdrilltem (oben), diskret (mitte) und ideal (unten) verdrilltem System 2 bei gleicher Achsenskalierung. Als dunklere Linie mit Endmarkern ist dabei jeweils $U_{w\,inf}$ bei Lastfluss null dargestellt. Als helle Linien im Hintergrund sind die Kurven der 32 Lastfälle bei zulässiger Leistung in den AC-Systemen zu sehen.

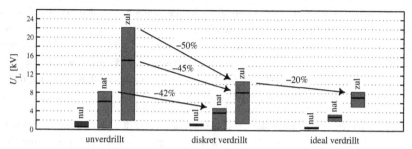

Abbildung 3.62: Vergleich der Bereiche der übertragenen Längsspannung U_L ohne, bei diskreter und idealer Verdrillung von System 2

Bezüglich der kapazitiven Einkopplung $U_{w\,inf}$ fällt auf, dass diese durch Verdrillung bei der hier untersuchten Anordnung für den Pluspol sehr stark, für den Minuspol hingegen quasi gar nicht absinkt. Die höchsten Werte sind dadurch bei der unverdrillten Leitung im Pluspol, bei der verdrillten im Minuspol zu finden. Dieser Umstand kann erklärt werden, wenn man betrachtet, welche AC-Systeme bei der unverdrillten Leitung bei einpoliger Kurzunterbrechung hauptsächlich kapazitive Spannung auf die einzelnen DC-Pole übertragen. Sowohl beim D-, als auch beim AD-Masttyp findet aufgrund der Abschirmung des elektrischen Feldes durch die geerdeten DC-Leiter nur eine stark verringerte kapazitive Einkopplung durch System 2 in den Minusleiter statt, siehe Abschnitte 3.1.6 bzw. 3.5.2. Auch beim DD-Masten ist aus dem Mastbild (Abbildung 3.37) ersichtlich, dass eine kapazitive Einkopplung von System 2 in den Minuspol durch dazwischen liegende Leiter auf festem Potential (Erdung von Neutralleiter und Pluspol, Betriebsspannung in benachbartem System 3) abgeschirmt wird. Der maßgebliche Anteil der kapazitiven Einkopplung in den Minusleiter geschieht durch das in direkter Nachbarschaft liegende System 3 im DD-Abschnitt. Da dieses von der Verdrillung von System 2 unbeeinflusst ist, ändert sich $U_{w\,inf}$ des Minuspols kaum. Ganz anders dagegen beim Pluspol: die Betrachtung der Mastbilder macht plausibel, dass der Hauptteil von dessen kapazitiver Beeinflussung seinen Ursprung genau in System 2 in den drei D-Abschnitten und dem AD-Abschnitt hat. Die Verringerung bzw. das Verschwinden von dessen Einfluss durch die diskrete bzw. ideale Verdrillung hat deshalb dort einen starken Rückgang von $U_{w\,inf}$ zur Folge.

Weiterhin ist an den hell gezeichneten Kurven für thermisch zulässige Last in den AC-Systemen zu erkennen, dass durch die Verdrillung das starke Auffächern der Werte am Leitungsende ohne DC-Erdung verhindert wird. Der extreme Anstieg der Koppelgrößen an dieser Stelle ist grundsätzlich darin begründet, dass ohne Verdrillung die Phasenlage übertragener Spannungszeiger von Systemen, die über weite Strecken parallel zum

Gleichspannungssystem verlaufen stets gleich ist und deren Summation auf diese Weise zu großen Werten führt. Bei der Rechnung mit idealer Verdrillung werden hingegen aufgrund eines entsprechenden Aufbaus der Koppelmatrizen überhaupt keine Mitsysteme übertragen. In der Realität, d.h. bei diskreter Verdrillung bewirkt jede Verdrillungsstelle eine Zeigerdrehung der Koppelgröße um 120°, sodass im Optimalfall die Wirkung über der Gesamtleitung zu Null kompensiert wird.

Beim kapazitiven Anteil kann die „Überlagerung" der in den drei Verdrillungsabschnitten von System 2 übertragenen Größen zu null tatsächlich beobachtet werden, wie daran zu sehen ist, dass sich $U_{w\,inf}$ zwischen diskreter und idealer Verdrillung kaum unterscheidet. Hinsichtlich der induktiven Kopplungen macht sich System 2 über die Lastflussrichtung bei der diskreten Verdrillung jedoch nach wie vor bemerkbar (wie bisher mit gegensätzlicher Wirkung bei entgegengesetztem Lastfluss). Das System überträgt ja weiterhin in jedem Abschnitt eine induktive Spannung, welche die Steigung des Betragsverlaufs von U_w beeinflusst. Durch die Verdrillung erreicht der Betrag allerdings deutlich weniger extreme Werte als ohne diese. Dafür treten nun die Verdrillungsstellen als Orte hinzu, an denen wie beim Wechsel von Abschnitten mit neuen Masttypen und/oder anderen AC-Systemen Knicke im Betragsverlauf der Koppelgrößen zu beobachten sind. Entsprechend sind die Verdrillungsmasten zusätzliche potentiell kritische Orte, an denen je nach Lastsituation Maximalwerte auftreten können (siehe U_w des Minuspols bei Kilometer 245 bei der diskret verdrillten Leitung in Abbildung 3.63).

Bei idealer Verdrillung ist sowohl der kapazitive, als auch der induktive Einfluss des verdrillten Systems vollständig verschwunden. Die Verläufe der Lastfälle 1–16 fallen deshalb mit denen der Fälle 17–32 zusammen. Bei der vorliegenden Leitung resultiert dies insgesamt in einem nur noch recht geringen Einfluss sowohl der Lastflusshöhe als auch der Lastflussrichtungen der AC-Systeme auf die Werte von U_w. Weil ideale Verdrillung jedoch in der Realität nicht erreicht werden kann, sind die entsprechenden Ergebnisse zur Beurteilung der maximal zu erwartenden Koppelgrößen auf der Leitung als nicht geeignet anzusehen.

Abbildung 3.65 auf Seite 113 zeigt, wie sich die Bereiche der beobachtbaren wiederkehrenden Spannung über alle Permutationen der AC-Phasen durch die Verdrillung ändern. Es zeigt sich, dass die Verdrillung von System 2 bei dem untersuchten Hybridleitungsmodell zu einer Reduktion der stationären wiederkehrenden Spannung bei einpoliger Kurzunterbrechung eines DC-Leiters in einem Bereich von knapp 40 % bis 50 % führt. Dabei ist der Rückgang für den bei unverdrillter Leitung am stärksten von Einkopplungen betroffenen Pluspol aus den oben erläuterten Gründen größer als der im Minuspol. Die Berechnung

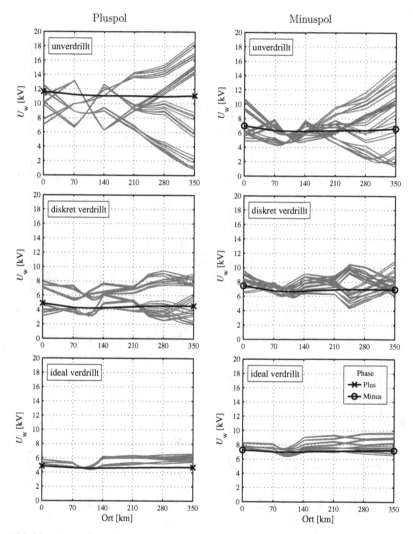

Abbildung 3.63: Vergleichende Darstellung der Verläufe der wiederkehrenden Spannung U_w der Hybridleitung berechnet ohne Verdrillung sowie mit diskreter bzw. idealer Verdrillung

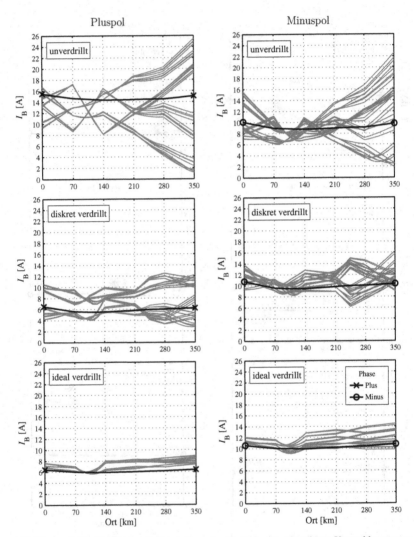

Abbildung 3.64: Vergleichende Darstellung der Verläufe des sekundären Kurzschlussstroms I_B der Hybridleitung berechnet ohne Verdrillung sowie mit diskreter bzw. idealer Verdrillung

unter Annahme von idealer Verdrillung liefert nochmals geringere Spannungen. Es wurde jedoch gezeigt, dass diese nicht als wirklichkeitstreu angesehen werden können.

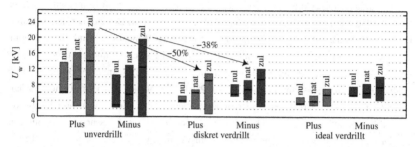

Abbildung 3.65: Vergleich der Bereiche der auftretenden wiederkehrenden Spannungen U_w ohne, bei diskreter und bei idealer Verdrillung von System 2

Sekundärer Kurzschlussstrom

Die Verläufe des sekundären Fehlerstromes über dem Fehlerort auf der Leitung sind vom qualitativen Verlauf wieder sehr ähnlich der wiederkehrenden Spannung in Abbildung 3.63. Auch die für U_w gemachte Diskussion kann entsprechend übertragen werden. Deshalb sollen die Darstellungen der Verläufe für die Beispielleitung in Abbildung 3.64 und die Darstellung der je nach Verdrillung zu beobachtenden Spannweiten der Ströme bei verschiedenen Phasenanordnungen der AC-Systeme in Abbildung 3.66 an dieser Stelle genügen.

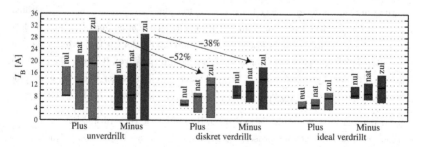

Abbildung 3.66: Vergleich der Bereiche des auftretenden sekundären Kurzschlussstroms I_B ohne, bei diskreter und bei idealer Verdrillung von System 2

3.9 Brenndauer des sekundären Lichtbogens

Die Brenndauer des sekundären Kurzschlusslichtbogens hängt im Allgemeinen von einer
Vielzahl von Einflüssen ab. Dazu zählen die Stromstärke und Brenndauer des primären
Fehlerlichtbogens, äußere Umwelteinflüsse (vornehmlich Windstärke) und die Bedingungen während einpoliger Unterbrechung, wie Stromstärke des Sekundärlichtbogens und
wiederkehrende Spannung am Fehlerort. In [14] wird auf der Grundlage von Labor- und
Feldversuchen in Hochspannungsnetzen von 220 kV bis 500 kV eine empirische Abschätzung der maximalen Brennzeit des sekundären Lichtbogens alleine in Abhängigkeit von
dessen Stromstärke angegeben. Da sich die Art der elektromagnetischen Einkopplungen
bei der einpoligen Unterbrechung in Drehstromsystemen von denen bei einpoliger Unterbrechung eines HGÜ-Pols in Hybridleitungen nicht grundlegend unterscheiden, kann die
abgeleitete empirische Gleichung auch hier zur Bewertung der berechneten Kurzschlussströme herangezogen werden. Demnach kann die mindestens notwendige Pausenzeit t_P
wie folgt ermittelt werden:

$$t_P/s \geq 0{,}25 \left(0{,}1\frac{I_B}{A} + 1\right) \tag{3.7}$$

Dabei werden 0,25 s als Zeit für eine sichere Entionisierung des Lichtbogenkanals angenommen, die nach Verlöschen des sekundären Lichtbogens zusätzlich abgewartet werden
sollte, bevor der fehlerhafte Leiter wieder zugeschaltet wird. Somit gilt für die rein
Lichtbogenbrenndauer t_B:

$$t_B/s = 0{,}025 \frac{I_B}{A} \tag{3.8}$$

In Abbildung 3.67 sind noch einmal die maximalen sekundären Kurzschlussströme bei
Leistung null sowie bei zulässiger Leistung der drei Masttypen mit zusätzlichen Ordina-
tenachsen für die Brennzeit bzw. Pausenzeit aufgetragen (Daten der Abbildungen 3.27,
3.44 und 3.51, jeweils der am stärksten betroffene Leiter). Bei einer 350 km langen, unverdrillten Leitung ergeben sich ohne AC-Last Zeiten t_B/t_P von 0,32 s/0,57 s (D-Typ),
0,52 s/0,77 s (AD-Typ) und 1,27 s/1,52 s (DD-Typ). Bei zulässiger Leistung lauten die
Zeiten 0,54 s/0,79 s (D-Typ), 0,67 s/0,92 s (AD-Typ) und 1,48 s/1,73 s (DD-Typ).

Bei der untersuchten, ebenfalls 350 km langen Hybridleitung (unverdrillt) beträgt I_B ohne
Last in den Nachbarsystemen zwischen 8,0 A und 18,1 A, was Brenn- bzw. Pausenzeiten
von 0,20 s/0,45 s – 0,45 s/0,70 s entspricht. Bei zulässiger AC-Leistung mit maximal 30,1 A
wird entsprechend 0,75 s/1,00 s erreicht. Damit liegt die gemischte Hybridleitung mit
auf 4/5 ihrer Strecke einem der beiden hinsichtlich der Einkopplungen relativ ähnlichen

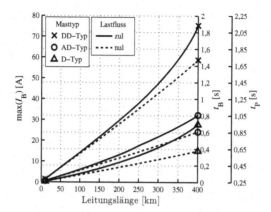

Abbildung 3.67: Maximale sekundäre Kurzschlussströme und zugehörige Abschätzung von Lichtbogenbrenndauer und Mindestpausenzeit

Masttypen D und AD auch insgesamt im Bereich reiner D- bzw. AD-Leitungen gleicher Länge. Als Worst Case bleibt deshalb eine Hybridleitung ausschließlich mit dem DD-Masttyp festzuhalten.

4 Zusammenfassung

Ziel dieser Arbeit war es, die stationären Einkopplungen auf Hochspannungs-Gleichstrom-Systeme bei unsymmetrischen AC/DC-Hybridleitungen mit verschiedenen Mastkonfigurationen zu analysieren.

Dazu wurde zunächst die elektrische Beschreibung von Freileitungen anhand ihrer Parameter- und Zweitormatrizen eingeführt. Im Anschluss wurde ausführlich die Bestimmung der Parametermatrizen aus der Leitungsgeometrie dargestellt. Dabei wurde auch die Auswirkung von Erdseilen sowie von Leitungsverdrillung behandelt. Das für die Berechnung als homogene Leitung mit verteilten Parametern notwendige mathematische Werkzeug der Modaltransformationen wurde allgemein als Eigenwertproblem dargestellt. Die modale Entkopplung beliebig unsymmetrischer Mehrphasensysteme wurde erklärt. Gemeinsam mit der Theorie der einphasigen Leitungsgleichungen lässt sich damit ein verteiltes Leitungsmodell beliebiger Freileitungskonfigurationen aufbauen. Dieses erlaubt bei gegebenen Randbedingungen die exakte Berechnung aller stationären Größen an der Leitung nach Betrag und Phase. Durch Verknüpfung der Zweitor- und Leitungsmatrizen für Netzquellen, konzentrierter Impedanzelemente und unterschiedlicher Freileitungsabschnitte können auf diese Weise auch die stationären Einkopplungen der Wechselspannungssysteme auf das Gleichstromsystem bei AC/DC-Hybridleitungen berechnet werden.

Dabei interessierte zum einen die im Normalbetrieb im ungeerdeten Sternpunkt des aus Plus-, Minus- und Neutralleiter bestehenden HGÜ-Systems auftretende AC-Spannung. Außerdem sind im Hinblick auf die Klärung von DC-Fehlern durch einpolige Kurzunterbrechung (KU) die Größen des durch AC-Einkopplungen gespeisten sekundären Fehlerstromes und der wiederkehrenden Spannung am Fehlerort nach Fehlerklärung von Interesse. Die dabei auftretenden kapazitiven und induktiven Koppelanteile wurden für die einpolige KU in Drehstromsystemen erläutert und die Gemeinsamkeiten und Unterschiede bei Anwendung dieser Fehlerklärung im DC-System einer unsymmetrischen Hybridleitung dargestellt.

Im Auswertungsteil wurden drei verschiedene Mastkonfigurationen einer Hybridleitung zunächst einzeln untersucht: ein Donaumast mit zwei 400 kV Systemen (D-Typ), ein Doppeltonnenmast mit vier 400 kV Stromkreisen (DD-Typ) und ein Dreiebenenmast mit zwei 400 kV-Systemen und zwei unterlagerten 110 kV Systemen (AD-Typ). Neben der Auswirkung unterschiedlicher Lastflusshöhen und -richtungen in den benachbarten AC-Systemen wurde der Einfluss der Leitungslänge, des Mastaufbaus und der Phasenpositionierung besprochen. Der Verlauf der Koppelgrößen bei einpoliger Kurzunterbrechung in Abhängigkeit des Fehlerortes auf der Leitung wurde analysiert und erkannt, dass der Maximalwerte immer nur an den Enden von Leitungsabschnitten gleichen Aufbaus auftreten kann. Anders als bei der KU in Drehstromsystemen muss dies jedoch nicht am Leitungsanfang, sondern kann ebenso am Leitungsende der Fall sein. Ansonsten sind kritische Orte solche mit Wechsel des Masttyps oder der AC-Systeme. Der Vergleich der drei Masttypen zeigt, dass die Koppelgrößen im D-Typ am geringsten sind, während sie beim AD-Typ hinsichtlich einpoliger KU um ca. 50 % höher und beim DD-Typ nochmals um ca. 100–150 % über denen beim AD-Typ liegen. Ohne Leitungsverdrillung zeigt sich durch die Abhängigkeit von der exakten Anordnung der AC-Phasen eine gewisse Bandbreite der Koppelgrößen bei jedem Masttyp, wobei diese von den drei Masttypen beim DD-Mast am größten ist. Noch deutlicher von der Anordnung aller Phasen abhängig sind die Werte bei der im Anschluss untersuchten gemischten Hybridleitung mit allen drei Masttypen.

Da die Spannungseinkopplung durch benachbarte vollständige Dreiphasensysteme alleine durch die Unsymmetrie der geometrischen Anordnung bedingt ist, wurde zusätzlich die naheliegende Maßnahme der Leitungsverdrillung beim Modell der gemischten Hybridleitung untersucht. Dabei wurde die Rechnung mit idealisierter, mittlerer Verdrillung mit einer realitätsgetreuen diskreten Verdrillung verglichen. Es zeigte sich, dass sich insbesondere für die Bestimmung der Koppelgrößen bei einpoliger KU über dem Fehlerort die in weiten Bereichen der elektrischen Energieversorgung beinahe standardmäßige Annahme idealisierter Leitungsverdrillung nicht eignet. Durch sie bleibt die induktive Einkopplung verdrillter Systeme vollständig unberücksichtigt, obwohl diese in Wirklichkeit zwar über der Gesamtleitung weitgehend kompensiert erscheint, sich entlang der Leitung jedoch deutlich auswirkt. Die Ergebnisse zeigen, dass Orten, an denen die Phasenfolge getauscht wird, zusätzlich als kritische Stellen hinsichtlich hoher Einkopplung zu berücksichtigen sind.

Zuletzt wurde anhand einer empirischen Formel aus der Literatur eine Einschätzung maximaler Brenndauern des sekundären Lichtbogens und der daraus resultierenden Mindestpausenzeiten der Kurzunterbrechung gegeben. Von allen untersuchten Konstellationen muss die Pausenzeit bei einer unverdrillten Hybridleitung mit ausschließlich DD-Mast am größten gewählt werden. Die gewonnenen Erkenntnisse können dazu beitragen, Pausen-zeiten im Sinne eines sicheren und trotzdem hochverfügbaren Betriebs zu wählen.

Die in dieser Arbeit verwendete Leitungsmodellierung eignet sich für eine genaue Be-rechnung der monofrequenten 50 Hz Einkopplungen von den Wechselspannungssystemen in das HGÜ-System. Von großem Interesse wären jedoch auch Kopplungen zwischen Systemen als Folge transienter Vorgängen. Beispielsweise rufen Fehler in einem System auch in den benachbarten Stromkreisen wiederum transiente Ströme und Spannungen hervor. Entsprechend kann in zukünftigen Arbeiten untersucht werden, welche Art der Modellierung sich für solche Problemstellungen am besten eignet um anschließend heraus-zufinden, inwiefern transiente Einkopplungen den Betrieb oder auch die Schutzsysteme beeinträchtigen können.

Anhang A

Daten der untersuchten Masttypen

Bemerkung: Für alle Untersuchungen wurde ein mittlerer Seildurchhang f von $5{,}88\,\mathrm{m}$ angenommen. Querleitwerte wurden grundsätzlich vernachlässigt.

Tabelle A.1: Aufbaudaten des D-Masttyps

Leiter	x [m]	y [m]	r_{ers} [m]	g [m]	R [Ω/km]
Plus	11,0	31,2	0,1776	0,1685	0,0371
Minus	14,2	22,2	0,1776	0,1685	0,0371
Neutral	7,8	22,2	0,1776	0,1685	0,0371
2R	−11,0	31,2	0,1776	0,1685	0,0371
2S	−14,2	22,2	0,1776	0,1685	0,0371
2T	−7,8	22,2	0,1776	0,1685	0,0371
Erdseil	0,0	46,6	0,0080	0,0066	0,3025

Tabelle A.2: Aufbaudaten des DD-Masttyps

Leiter	x [m]	y [m]	r_{ers} [m]	g [m]	R [Ω/km]
Plus	15,0	51,0	0,1776	0,1685	0,0371
Minus	16,5	40,5	0,1776	0,1685	0,0371
Neutral	8,5	51,0	0,1776	0,1685	0,0371
2R	−15,0	51,0	0,1776	0,1685	0,0371
2S	−8,5	51,0	0,1776	0,1685	0,0371
2T	−10,0	40,5	0,1776	0,1685	0,0371
3R	10,0	40,5	0,1776	0,1685	0,0371
3S	15,0	30,0	0,1776	0,1685	0,0371
3T	8,5	30,0	0,1776	0,1685	0,0371
4R	−16,5	40,5	0,1776	0,1685	0,0371
4S	−15,0	30,0	0,1776	0,1685	0,0371
4T	−8,5	30,0	0,1776	0,1685	0,0371
Erdseil	0,0	60,5	0,0080	0,0066	0,3025

Tabelle A.3: Aufbaudaten des AD-Masttyps

Leiter	x [m]	y [m]	r_{ers} [m]	g [m]	R [Ω/km]
Plus	9,0	42,4	0,1776	0,1685	0,0371
Minus	12,0	31,4	0,1776	0,1685	0,0371
Neutral	6,0	31,4	0,1776	0,1685	0,0371
2R	−9,0	42,4	0,1776	0,1685	0,0371
2S	−12,0	31,4	0,1776	0,1685	0,0371
2T	−6,0	31,4	0,1776	0,1685	0,0371
3R	11,0	23,5	0,0112	0,0089	0,1485
3S	7,75	23,5	0,0112	0,0089	0,1485
3T	4,5	23,5	0,0112	0,0089	0,1485
4R	−11,0	23,5	0,0112	0,0089	0,1485
4S	−7,75	23,5	0,0112	0,0089	0,1485
4T	−4,5	23,5	0,0112	0,0089	0,1485
Erdseil	0,0	56,5	0,0110	0,0066	0,3025

Anhang B

Mittlere Geometrische Abstände

Tabelle B.1: Mittlere geometrische Abstände (mgA) ausgewählter Geometrien zur Berechnung von Induktivitätskoeffizienten [3]

	Anordnung	Beschreibung	Formel
1	$\bullet\ P$	Punkt	$g_{11} = 0$
2	$P_1 \quad P_2$ ... s	Punkt von Punkt	$g_{12} = s$
3	$P \overset{s_1}{\underset{s_n}{\cdots}} \begin{matrix} P_1 \\ P_n \end{matrix}$	Punkt von Punktmenge	$g_{12} = \sqrt[n]{\prod_{\nu=1}^{n} s_\nu}$ oder $\ln g_{12} = \frac{1}{n}\sum_{\nu=1}^{n} \ln s_\nu$
4	$\begin{matrix} P_{11} & s_{1121} & P_{21} \\ & s_{112n} & \\ P_{1n} & & P_{2n} \end{matrix}$	Punktmenge von Punktmenge	$\ln g_{12} = \frac{1}{mn}\sum_{\nu=1}^{n}\sum_{\mu=1}^{m} \ln g_{1\nu2\mu}$
5	r	Seile	$\begin{array}{c\|c\|c\|c\|c\|c\|c} n & 7 & 19 & 37 & 61 & 91 & 127 \\ \hline \frac{g_{11}}{r} & 0{,}726 & 0{,}758 & 0{,}768 & 0{,}772 & 0{,}774 & 0{,}776 \end{array}$ n Anzahl der Drähte
6	r	Hohlseile od. Al/St-Seile (Vernachl. des St-Kerns)	$\begin{array}{c\|c\|c\|c} \frac{n}{n_l} & \frac{26}{2} & \frac{30}{2} & \frac{54}{3} \\ \hline \frac{g_{11}}{r} & 0{,}809 & 0{,}826 & 0{,}810 \end{array}$ n Anzahl der Drähte n_l Anzahl der Lagen
7	r	Reuse oder Bündelleiter	$g_{11} = \sqrt[n]{n\,g\,r^{n-1}}$

Literaturverzeichnis

[1] Amprion. *Ultranet / www.amprion.net.* 2015. URL: http://www.amprion.net/ netzausbau/ultranet-hintergrund (besucht am 24.03.2015).

[2] Lehrstuhl für elektrische Energieversorgung EEV. *Übung zu Grundlagen der elektrischen Energieversorgung.* FAU Erlangen-Nürnberg. 2010.

[3] Gerhard Herold. *Elektrische Energieversorgung II: Parameter elektrischer Stromkreise - Leitungen - Transformatoren.* Auflage: 2., vollst. überarb. u. stark erw. Aufl. Wilburgstetten: Schlembach, J, 26. Mai 2008. ISBN: 9783935340601.

[4] Gerhard Herold. *Parameter und Modelle einer unsymmetrischen Hochspannungs-Freileitung.* 2014. DOI: 10.13140/2.1.3783.5047. URL: https://www.researchgate. net/publication/261582385_Parameter_und_Modelle_einer_unsymmetrischen_ Hochspannungs-Freileitung?ev=prf_pub (besucht am 08.02.2015).

[5] Gerhard Herold. *Unverdrillte 400-kV-Drehstrom-Doppelleitung.* 2014. DOI: 10. 13140/2.1.2866.0005. URL: http://www.researchgate.net/profile/ Gerhard_Herold/publication/264037333_Unverdrillte_400-kV-Drehstrom-Doppelleitung/links/0a85e53c90ce6e0603000000.pdf.

[6] Gerhard Herold. *Kapazitäten und elektrische Feldstärke einer Drehstromfreileitung in Einebenenanordnung.* Erlangen. Okt. 2007.

[7] Bernd R. Oswald. *Skript Modale Komponenten.* Korrigierte Ausgabe 2005. deutsch. 2005. URL: http://www.iee.uni-hannover.de/index.php?eID=tx_nawsecuredl& u=0&file=fileadmin/iee/Dokumente/Skripte_Prof_Oswald/ModKomp.pdf&t= 1423591951&hash=4cd8e5e1e2c5716bb3148c120167b427d351b788 (besucht am 08.02.2015).

[8]   J. Esztergalyos u. a. »Single phase tripping and auto reclosing of transmission lines-IEEE Committee Report«. In: *IEEE Transactions on Power Delivery* 7.1 (Jan. 1992), S. 182–192. ISSN: 0885-8977. DOI: 10.1109/61.108906.

[9]   H. Haubrich. »Einpolige Kurzunterbrechung in Höchstspannungsnetzen über 500 kV«. In: *ETZ-A* 91 (8 1970), S. 453–458.

[10] Farouk A.M. Rizk. »Single-phase autoreclosure of extra-high-voltage transmission lines. An investigation into the residual fault current and recovery voltage«. In: *Proceedings of the Institution of Electrical Engineers* 116.1 (Jan. 1969), S. 96–100. ISSN: 0020-3270. DOI: 10.1049/piee.1969.0017.

[11] D. Woodford. »Secondary arc effects in AC/DC hybrid transmission«. In: *IEEE Transactions on Power Delivery* 8.2 (1993), S. 704–711. ISSN: 0885-8977. DOI: 10.1109/61.216878.

[12] C. Neumann u. a. »Design and layout of AC-DC hybrid lines«. Englisch. In: *Auckland Symposium 2013 - Cigre*. Auckland, NZ, 2013, S. 9.

[13] Jakob Schindler. *Berechnung der elektrischen Feldstärke hybrider AC-DC-Masten*. Hauptseminar. FAU Erlangen-Nürnberg, 1. Juli 2014.

[14] H. Haubrich. »Einpolige Kurzunterbrechung in Höchstspannungsnetzen 500 kV - 1500 kV«. Dissertation. Technische Hochschule Darmstadt, 1971.

Printed in the United States
By Bookmasters